LE
JEUNE VOYAGEUR
DANS LE NORD,

OU

RELATION D'UN VOYAGE DANS LES ÉTATS
DE L'EUROPE SEPTENTRIONALE,

AVEC DES NOTES HISTORIQUES ET BIOGRAPHIQUES,

Ouvrage instructif et amusant pour les enfans
des deux sexes,

TRADUIT DE L'ANGLAIS

DE MADAME HOFFLAND,

PAR

M. PAQUIS.

ORNÉ DE 4 JOLIES FIGURES.

Instruire en amusant.

—◦—

VENDÔME,

HENRION-LOISEAU, IMPRIMEUR-LIBRAIRE.
RUE DU CHANGE, N° 69.

——

1834.

é qu'il est en progrès. Nous ne flattons
notre public ; nous constatons des faits
ande-t-on en France de toutes parts,
véloppement des connaissances ? surtout
as de l'histoire.

ONS DE LA SOUSCRIPTION :

forts volumes in-8° de quarante feuilles ou 640
ière de quinze volumes, imprimés avec soin en
pier fin satiné.

le cinq feuilles (80 pages) tous les 5, 15 et 25 de
e livraison est en vente depuis le 15 novembre.

est de 50 centimes rendue à domicile à Paris.

t un volume, les souscripteurs recevront GRATIS
e très belle couverture imprimée. Un beau por-
: acier, par Ferdinand, sera donné à la fin du

riptions par abonnement, payables d'avance ,
icile, tout broché. 4 fr.

:traits, batailles, monumens, costumes, cartes,
:a pendant le courant de l'ouvrage ; elle sera di-
e dix sujets, prix 50 centimes. Des artistes dis-
e travail ; nous espérons donner la première li-

t aucunes modifications aux soins apportés aux
ivrage sera également suivi, tant pour le papier
nombre de volumes annoncés est invariable ; ce
urs s'engagent à le donner gratis. Ils offrent pour
apporter à la mise en vente de leurs livraisons,
PARIS, publiée par eux, en 4 vol. in-8°, 50 c.
n vente.

LE

JEUNE VOYAGEUR

DANS LE NORD.

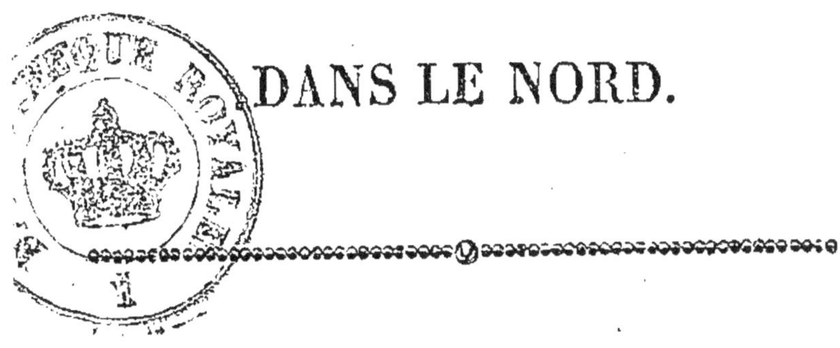

Chapitre Premier.

But du voyage. — Voyage à Hull. — Un bon oncle. — Objets de curiosité. — Embarquement pour le Danemarck.

Frédéric Delmar avait pour mère une jeune veuve qui s'était établie dans le voisinage de la ville d'York, afin d'être plus à

1

portée de trouver des maîtres capables de concourir à l'éducation de son fils et de sa fille. Né avec un esprit actif et un excellent caractère, il avait répondu à tous les vœux que faisait sa mère pour son avancement, par le zèle le plus ardent, et par la plus grande application à ses études, jusqu'à la fin de sa quatorzième année. Mais pendant les six derniers mois, il avait grandi prodigieusement, et il était devenu si pâle et si maigre que sa tendre mère conçut les plus vives inquiétudes pour sa santé, et alla consulter, à ce sujet, le docteur Belcombe qui jouissait d'une grande réputation dans la ville.

L'avis exprès de cet excellent médecin fut que Fréderic devait renoncer immédiatement à toute espèce d'études, et se livrer pendant long-tems à des amusemens qui, tout en prévenant la lassitude qu'engendre le désœuvrement, n'exigeraient de lui aucun travail de la pensée, car pour le moment, il en était incapable.

Il y a bien des enfans paresseux qui eussent trouvé l'ordonnance fort agréable et remercié de tout leur cœur cet excellent docteur; mais notre jeune ami n'était pas de ce nombre. Il lui témoigna cependant toute la reconnaissance qu'il lui devait, et, grâce à son bon caractère et à ses habitudes d'obéissance , il désira bien sincèrement pouvoir suivre l'ordre du docteur Belcombe , et les volontés de sa mère ; mais il trouva qu'il était dur d'être obligé de laisser là ses livres chéris, et ces études attrayantes qui avaient jusqu'alors agréablement occupé son tems. Il lui parut bien difficile d'employer toutes ses heures à des bagatelles, après avoir contracté depuis si long-tems l'habitude de se livrer à des pensées pro-

fondes et à de savantes investiga-
tions. Au bout de quelque tems,
il parut même si abattu et si réellement fatigué de ne rien faire,
que mistriss Delmar commença
à craindre que sa constitution ne
s'affaiblît autant sous ce nouveau
régime que sous l'ancien. Elle
en conclut fort sagement que
deux sœurs plus jeunes que lui,
et une mère qui vivait dans une
retraite absolue, ne pourraient
fournir à son esprit ardent et
curieux cette variété de conver-
sation qui seule était capable de
le détacher des études abstraites
qu'on lui avait interdites.

Pendant qu'elle était en proie

à cette perplexité , une lettre d'un de ses oncles vint fort heureusement la tirer d'embarras. Cet oncle était un négociant qui faisait un commerce très-étendu ; il jouissait d'une grande réputation de probité, et possédait d'immenses connaissances , non seulement sur les choses qui concernaient sa profession, mais encore sur les nations et les pays qu'il avait eu occasion de visiter. Ayant appris l'état de Frédéric au moment où il allait s'embarquer pour la mer Baltique , et faire un long voyage , il pensa que ce serait pour son neveu une distraction agréable de l'accompagner , et que , par ce moyen, il lui procurerait le repos prescrit pour sa santé, et satisferait , en même tems , au désir que le jeune homme avait d'augmenter sans cesse ses connaissances.

Bien qu'une mère aussi tendre que l'était mistriss Delmar , ne pût se défendre d'un sentiment pénible en songeant à se séparer de son fils unique, surtout en le voyant dans un état de santé si alarmant, cependant, comme elle était entièrement convaincue que rien ne pouvait lui être plus utile, elle accepta cette offre avec reconnaissance , et, sans perdre un seul instant, elle prépara tout ce qui était nécessaire pour ce voyage. Au bout de deux jours elle accompagna son fils à Hull, où son oncle devait s'embarquer; et chemin faisant, elle lui dit qu'il trouverait dans ce bon parent, non seulement un homme capable de lui fournir tous les renseignemens qui pourraient donner de l'intérêt aux pays qu'ils allaient parcourir ensemble, mais encore qu'il s'acquitterait de ce soin avec franchise et amitié. Il vous sera facile, mon cher enfant, lui dit-elle, de connaître le moment favorable pour adresser des questions à votre oncle, sans jamais l'interrompre lorsqu'il traite d'affaires avec d'autres personnes, vous pourrez alors lui parler avec la même assurance d'être écouté que si vous vous adressiez à moi-même.

Comme Frédéric comptait entièrement sur tout ce que lui disait sa mère, ces détails lui furent très-agréables à entendre et le décidèrent à se mettre à son aise avec son oncle dès le premier abord; ce qu'il n'aurait osé faire sans cela, parce qu'il ne l'avait pas vu depuis plusieurs années. Il trouva qu'il ne ressemblait à aucune des personnes de sa connaissance. Il était grave, posé, exact au dernier point, il ne parlait jamais de deux choses en même temps ; toute son attention se concentrait à la fois sur le même objet qu'il expédiait avec une rare habileté, soit que ce fût une bagatelle, ou une affaire importante ; mais, à part les moments où il s'occupait d'affaires, il était aimable et communicatif, et prenait évidemment du plaisir à entendre les remarques et les questions de son neveu.

Comme ils devaient s'embarquer dès le lendemain matin, il voulut faire voir à Frédéric les

chantiers de Hull, et les quartiers les plus remarquables de la
ville. Cette promenade fut d'autant plus amusante pour le jeune homme qu'il n'avait jamais
vu un port de mer. L'aspect imposant de l'Humber frappa surtout Frédéric qui demanda :
si la mer était différente de ce
qu'il voyait en ce moment.
Oui, lui répondit M. Delmar,
ses immenses étendues d'eau où
rien ne borne la vue, présentent
un spectacle plus grand, plus
terrible, mais moins beau, à
mon avis, que l'embouchure
d'un fleuve majestueux comme
celui-ci.

Ensuite ils entrèrent dans la *Trinity-house* où on leur montra le modèle d'un vaisseau qui passait pour le travail le plus parfait qu'on eût jamais vu dans ce genre. On leur fit voir également un grand nombre d'armes curieuses, et de machines de guerre apportées d'Otaïti, parmi lesquelles était la véritable massue avec laquelle le célèbre capitaine Cook a été tué. Après avoir donné un soupir à sa triste destinée, M. Delmar appela l'attention de Frédéric sur un petit canot très-curieux dans lequel était une figure humaine en bois, vêtue des mêmes habits qui avaient été portés par l'original. C'était un pauvre pêcheur, qui avait été pris avec son joli petit canot, par un des vaisseaux partis de Hull pour parcourir les eaux du Groënland.

La personne préposée à la garde de ces objets observa que depuis le moment où ce malheureux s'était vu prisonnier, il n'avait pu se résoudre à prendre de la nourriture, mais qu'il était resté assis sur le tillac, regardant alternativement la mer et son canot, et poussant de profonds gémissemens, jusqu'à ce qu'enfin il expira d'inanition. Frédéric s'écria tout-à-coup : maudits soient les cruels et les méchans qui l'ont privé de sa liberté, il est fâcheux pour un pays d'offrir de semblables preuves d'une sotte curiosité et d'une froide barbarie. — Vous avez raison, mon ami, et ces sentimens sont très-louables, dit M. Delmar en lui serrant la main avec chaleur: mais quand vous serez dans les pays étrangers, vous ne manquerez pas d'occasions pour leur faire des reproches de cette nature. Il m'en coûte d'être obligé de vous dire, que dans quelque lieu du monde où nous puissions aller, nous rencontrerons les mêmes preuves du mépris et de la tyrannie de l'homme envers son semblable ; mais je dois vous dire aussi, que les exemples de dispositions toutes contraires ne nous manqueront pas davantage.

Delà ils allèrent visiter la garnison, et M. Delmar remarqua avec plaisir que son neveu connaissait parfaitement l'histoire de son pays, car pensant que c'était une occasion de parler de nos guerres civiles, puisque cette ville fut la première qui refusa d'ouvrir ses portes à Charles Ier., M. Delmar ne la laissa pas échapper, et Frédéric s'exprima à ce sujet comme quelqu'un qui est au fait des moindres circonstances. Il reçut avec modestie les complimens de son oncle, et dit qu'à la vérité il était passionné pour les livres d'histoire, et qu'il en avait beaucoup lu, mais que malheureusement, il ne savait rien sur le pays vers lequel il se dirigeait et qu'il se trouverait par conséquent obligé de questionner son oncle, qui promit avec empressement de le satisfaire.

Nous passerons sous silence les adieux pénibles qui eurent lieu entre la mère et le fils; tous deux montrèrent toute la force de caractère dont ils étaient capables dans une circontance si douloureuse. Nos voyageurs s'embarquèrent sous les plus heureux auspices; la matinée était belle, la brise agréable , un grand nombre de vaisseaux de tout genre se jouaient sur les vagues du fleuve ; et lorsque les rivages eurent échappé à la vue insensiblement, et que les rochers de Spurnhead se furent perdus dans le crépuscule, Frédéric qui jusqu'ici avait très-peu souffert, s'applaudissait de sa situation et de l'avenir qu'elle lui promettait.

Chapitre deuxième.

Elseneur.—Mathilde, reine de Danemarck. — L'Église, Copenhague. — Chaire de Ticho-Brahé.—Le comte Brandt, etc.

Pendant plusieurs jours consécutifs le temps fut très-favorable; mais il changea tout-à-coup avant qu'ils eussent pu aborder l'île de Zélande et débarquer à Elseneur.

Il paraît qu'au moment où Frédéric mit pied à terre, il éprouva ce plaisir vif qui est, pour un voyageur, la récompense de beaucoup de peines et la réalisation de beaucoup de vœux, car il dit en poussant un cri de joie : me voici donc à Elseneur, mon cher oncle ! n'est-ce pas une idée charmante de venir prendre ici mes récréations ?

M. Delmar ne répondit pas, une pensée profonde paraissait l'occuper. Il résolut de visiter en premier lieu le consul Anglais, et cette visite lui fournit l'occasion de faire voir à Frédéric le château de Cronsberg, forteresse importante placée sur le Sund, et que nos jeunes lecteurs trouveront facilement en regardant une carte d'Europe.

Ce château est un beau palais gothique, construit pendant le dernier siècle pour en faire une résidence royale, mais aucun des monarques Danois ne l'a habité depuis que la reine Mathilde, sœur de Georges III, y fut renfermée en 1772, de ce palais elle fut transportée à Zell en Allemagne, où elle mourut à l'âge de vingt-six ans. Il paraît, d'après tout ce qu'on a pu apprendre, qu'elle fut traitée avec cette dureté extraordinaire, par suite des intrigues de sa belle-mère, qui craignait de la voir prendre trop d'influence sur son époux, prince d'un esprit borné et sans énergie. M. Delmar conta tous ces détails en allant de Cronsberg à un pavillon de chasse du roi de Dannemark, du haut duquel ils eurent une perspective extraordinaire et magnifique. La ville d'Elseneur, le château de Cronsberg, et Helsinbourg en Suède, qu'on voyait sur la côte opposée, se déroulaient comme une vaste carte devant eux. On concevra facilement le plaisir et l'étonnement qu'une pareille vue causa à Frédéric, lui qui n'avait jamais vécu que dans le voisinage monotone de la ville d'York.

En quittant ce lieu si intéressant, il descendirent à la ville, et
entrèrent dans l'Église, où Frédéric aperçut avec étonnement
une grande collection de saints de
bois, vêtus de la manière la plus
éclatante, et presque entièrement couverts de feuilles d'or.
Comme il n'avait jamais vu d'autres églises que celles du culte
protestant en Angleterre, où les
tableaux même sont extrêmement rares, il sera facile d'imaginer qu'elle fut sa surprise, et
son dégoût à la vue de ce bur-
lesque assemblage. Pendant qu'il
exprimait son opinion à ce sujet,
librement, mais à voix basse,

une foule de petits garçons et de petites filles à .cheveux roux se précipitèrent dans l'église, et se formèrent en cercle autour des étrangers, qu'ils examinaient avec la plus vive curiosité, mais en même temps avec un air de respect et beaucoup de politesse. Frédéric eut bien voulu pouvoir leur adresser la parole dans leur langue naturelle, et il forma à l'instant même la résolution de l'étudier autant que les circons- tances le lui permettraient.

Après avoir visité les environs de la ville, ils se procurèrent, pour se rendre à Copenhague, une voiture qui était une espèce de chariot couvert, traîné par quatre chevaux. Ils y arrivèrent un peu avant le coucher du soleil. Il sembla à Frédéric que c'était la plus belle ville qu'il eût jamais vue, et il déplora beaucoup que son brave compatriote Nelson eut été l'instrument employé pour l'incendier en 1807; mais il apprit avec plaisir qu'on n'appercevait plus aucune trace de ce terrible désastre, quoiqu'un grand nombre d'habitans en conservât encore un pénible souvenir.

Le lendemain, M. Delmar montra à Frédéric tout ce qui méritait d'être vu, et lui apprit que Copenhague possédait dix églises paroissiales, sept hopitaux très-bien servis, une université, et un beau musée, qui est attaché au palais, et qu'ils s'empressèrent de visiter.

Ce palais a coûté six millions de dollars, et tous ceux qui l'ont vu, le regardent comme trop magnifique pour le pays auquel il appartient; il fut néanmoins bâti par Frédéric IV, avec les économies qu'il fit sur les revenus de la couronne. Il renferme la collection de portraits de toutes les têtes couronnées de l'Europe, un grand nombre de tableaux admirables des anciens

maîtres, et beaucoup de curio-
sités précieuses, mais la chose qui
a le plus de charmes dans ce
beau musée, c'est la chaise où
Tycho-Brahé avait coutume de
s'asseoir, lorsqu'il faisait ses ob-
servations astronomiques. Pendant sa vie, ce grand homme fut
persécuté par les bigots ignorans
au milieu desquels il vivait ; mais
aujourd'hui la simple vue de sa
chaire pénètre de respect, tant
le souvenir du génie a d'empire
sur nous, et ses compatriotes
vantent autant son nom, que les
Anglais vantent celui de leur illustre Newton.

Voulant tout faire voir à Frédéric, M. Delmar partit avec lui pour le nord de la Zélande ; le premier endroit où ils s'arrêtèrent, fut Raskeld, qui est le lieu de sépulture des rois de Danemarck. Frédéric avait beaucoup entendu parler de Marguerite de Waldemar, qui fut surnommée la Sémiramis du nord, et il témoigna le désir de voir son cercueil ; étant descendu dans le caveau, il eut la satisfaction de le contempler dans ce triste séjour de la grandeur déchue, au milieu de draps de velours déchirés, de couronnes rouillées et d'ornemens brisés. C'était un spectacle bien fait pour pénétrer profondément l'esprit, de la vanité de toutes les distinctions terrestres, et M. Delmar profita de l'occasion, pour faire sentir à son neveu la nécessité de nous assurer une place dans le céleste séjour, palais qui n'est point bâti par la main des hommes, et que le temps n'ébranlera point, et où sont admis sans distinction le prince et le paysan.

Ils se rendîrent ensuite à Fridéricsbourg, éloigné d'environ deux lieues et demie. L'architecture de ce palais est un mélange du style grec et du style gothique, et c'est là que tous les rois de Danemarck sont couronnés. Il y a dans ce palais une chambre qu'on appelle la salle du chevalier; elle est d'une prodigieuse longueur, et les murs en sont couverts de tapisseries représentant les guerres du Danemarck. Le plateau de la cheminée était autrefois entièrement plaqué d'argent, mais les Suédois, dans une de leurs excursions, l'ont tout dévasté.

Le palais d'Herchalm, qui n'est pas très-éloigné de là, est aussi d'une grande beauté. M. Delmar raconta à Frédéric, que ce fut dans ce palais que le comte Brandt eut le malheur de frapper son maître, pendant qu'ils lut-

taient ensemble ; long-tems après
que toute l'affaire parut oubliée,
cet infortuné gentilhomme fut
jugé, condamné et exécuté. Sir
Nathaniel Wrapall nous dit que
malheureusement le roi aimait
avec passion l'exercice de la lutte,
et comme ses courtisans étaient
toujours assez polis pour se laisser vaincre par Sa Majesté, il se
fâcha enfin, et leur reprocha de
ne pas employer leur force ; il
insista particulièrement pour
que le comte Brandt, qu'il aimait beaucoup, déployât toute
la sienne. Ainsi pressé, le comte
lutta franchement, et il était sur
le point de renverser le roi, lors-

que Sa Majesté le saisit à la gorge, de telle manière que le comte eût été étranglé à l'instant, si, pour sauver sa vie, il n'avait pas donné un coup ou une bourrade au roi. On peut à-peine concevoir une action plus basse, et plus cruelle que celle de faire condamner un homme pour une pareille conduite. On voit encore les os de cette victime d'un tyran idiot, exposés sur une roue, à un mille environ de Copenhague près de ceux du comte Struensée, son ami, qui fut mis à mort, sur le simple soupçon d'avoir formé le projet de renverser le gouvernement, de concert avec la reine

Mathilde, dont nous avons déjà raconté le cruel emprisonnement.

Pendant l'hiver, la Zélande est extrêmement froide, mais à l'époque où nos voyageurs la visitèrent, le climat était très-agréable. En la quittant, ils traversèrent le Sund, et débarquèrent à Helsinbourg. Ils s'apperçurent dès-lors que le beau temps dont ils avaient joui jusque-là, allait les abandonner, et bientôt en effet ils sentîrent un froid si vif, qu'ils fûrent obligés de mettre leurs habits d'hiver.

Leur premier mouvement fut de se diriger vers Jonkioping;

avant d'y arriver ils traversèrent le village de Nivad, célèbre comme étant le lieu où Charles XII, roi de Suède, débarqua, malgré le feu d'une batterie de douze canons, braqués contre lui. Il fut le premier qui sauta du vaisseau sur le rivage, et il n'avait alors que seize ans.

Nos deux amis ne tardèrent pas à éprouver les désagrémens auxquels on est exposé dans un pays pauvre et peu habité. Mais comme M. Delmar les avait prévus, ils les évitèrent mieux qu'ils ne s'y étaient attendus. Ils avaient soin de faire porter toutes leurs provisions avec eux dans la voiture, sachant bien qu'ils n'en auraient point trouvé à acheter sur la route, si ce n'est un peu de porc salé, et du pain fait de seigle, d'avoine et de râpure d'écorces de sapin. Ils faisaient souvent plusieurs lieues, sans rencontrer une créature humaine, sans voir une seule habitation, et comme la terre était couverte de neige, leur voyage n'était pas sans danger, mais les routes leur plûrent beaucoup; elles étaient bordées de sapins de chaque côté, comme les avenues qui conduisent au château d'un gentilhomme, et présentaient ainsi un coup d'œil très-agréable. Ils

étaient toujours traînés par quatre chevaux attelés de front, circonstance qui produisait un très-
bel effet.

Jonkioping leur parut une
bonne ville, agréablement située
sur les bords du lac Wever ;
mais comme elle n'offrait rien de
bien curieux, ils n'y firent qu'un
court séjour, et poursuivirent
leur route vers Lindkioping, et
de là vers Narkioping, où ils traversèrent les montagnes, qui sé-
parent le Gothland oriental de la
Sundermanie, la route serpente
alors à travers un pays plus aride
et plus désert qu'aucun de ceux
qu'ils avaient encore parcourus.

Le pauvre Frédéric ne se sentait pas de joie, lorsqu'ils atteignîrent enfin Stockolm! mais ils ne trouvèrent pas à beaucoup près cette ville aussi belle qu'ils s'y étaient attendus, et les logemens y étaient excessivement chers.

Un des premiers objets qu'ils visitèrent, fut l'arsenal, où ils virent les habits que portait Charles XII à l'époque de sa mort. On ne sait pas si la balle qui le tua, partit du camp ennemi, ou du milieu de ses propres compagnons. Frédéric, comme la plupart des jeunes gens, s'intéressa beaucoup au destin de ce grand guerrier, et remarqua avec surprise, que son oncle ne lui en dit pas grand’chose, sinon qu’il avait malheureusement vécu trop long-temps pour le bien de son pays.

Vous n’aimez pas Charles, j’en suis sûr? dit notre jeune ami, —Non certainement; mais j’aime beaucoup Gustave Vasa; vous voyez donc que j’ai du goût pour les héros tout aussi bien que vous, seulement je veux des héros d’une classe particulière; j’admire celui qui se sacrifie pour son pays, et non celui qui ruine le sien pour satisfaire ses caprices.—Je vous en prie mon cher oncle, donnez-moi quelques détails sur Gustave, ainsi que sur les autres personnages qui ont joué un rôle dans l'histoire de ce pays.—De tout mon cœur, il est si nécessaire de savoir quelque chose des pays à travers lesquels on va voyager, pour se faire une juste idée du peuple, de ses mœurs, de ses lois et de ses institutions, que je vais tâcher de recueillir tous mes souvenirs pour vous conter les faits les plus intéressans de l'histoire de la Suède.

Chapitre troisième.

Despotisme de Christian. — Fuite de Gustave Vasa. — Éric. Son emprisonnement. — Charles XII. Sa mort.

Christian II établit, sur les royaumes unis de la Norwège et de la Suède, un despotisme sans bornes; pour y parvenir, il avait imaginé l'horrible expédient de faire périr toute l'ancienne noblesse. Gustave, jeune prince issu des anciens rois de Suède, échappa seul au massacre général, en fuyant, déguisé en paysan, jusqu'aux montagnes de Dalé-carlie. Aussitôt que le tyran en fut instruit, il fit promettre une somme immense à qui rap-porterait sa tête ; des soldats da-nois furent dépêchés de tous côtés à sa poursuite. Une fois il fut trahi par ceux à qui il s'était confié, et il faillit devenir victime de leur perfidie. A la fin il se ré-fugia dans des mines de cuivre, où il gagna sa vie par son travail. Après avoir enduré des souffran-ces incroyables, et surmonté des obstacles sans nombre, il parvint à engager les sauvages, mais bra-ves habitans des montagnes de la Dalécarlie à prendre la cause de sa patrie opprimée.

— Et réussirent-ils ? demanda Frédéric avec vivacité.

— Oui, mon ami, leur valeur naturelle, leur juste indignation et leur attachement sincère pour leur jeune chef leur firent vaincre toutes les difficultés, et ils finirent par secouer entièrement le joug de la Suède, sous lequel elle gémissait alors. Gustave Vasa fut nommé premier administrateur, et ensuite roi de Suède. Depuis cette époque le gouvernement de ce pays est une monarchie régulière ; les arts et les manufactures commencèrent à s'y introduire, les lettres et la civilisation à y fleurir, et ce même pays qu'on avait presque méprisé comme barbare, leva enfin sa tête long-tems opprimée et réclama une place glorieuse dans les annales de l'Europe. Gustave mourut en 1559, après un règne long et glorieux, laissant derrière lui un nom qui n'a point de rival, que je sache, si ce n'est celui de notre grand Alfred, à qui il ressemblait sous plusieurs rapports.

— Laissa - t - il un successeur digne de lui ?

— Hélas ! non, mon cher Frédéric ; Éric son fils, qui lui succéda, était un homme doué de talens extraordinaires, il est vrai, mais il fut à la fois le prince le plus blâmable et le plus malheureux qui se soit jamais assis sur un trône. A l'époque de la mort de son père, Éric se disposait à s'embarquer pour l'Angleterre, dans le dessein d'épouser la reine Élisabeth, circonstance dont nos historiens ne font pas mention, mais qui est bien authentique. Je ne sais si l'on doit attribuer la rupture de ce mariage à la mort de son père, ou au bruit qui courait que lui-même était fou ; mais on peut dire avec assurance que cette rupture fut heureuse pour Élisabeth. Éric avait une connaissance si parfaite des langues de l'Europe, qu'il donnait audience à sept ambassadeurs à la fois, et leur parlait dans leur propre langue. Il était fort bon musicien, et très-versé dans la littérature; mais sa conduite fut si insensée et si cruelle, qu'elle justifie assurément l'assertion de ses historiens, qui attribuent ses crimes à un dérangement d'esprit. Peu de tems après son avénement au trône, il fit incarcérer ses frères, sans alléguer aucune raison pour un pareil traitement et bientôt après il condamna les fils de son premier ministre à la même peine, sans en donner plus de raison. Ce vénérable vieillard avait été long-tems le serviteur estimable et le confident intime de Gustave Vasa, se confiant dans l'affection que le trône lui avait toujours montrée jusqu'alors, il vint se jetter aux pieds de son souverain, qu'il baigna de ses larmes, pendant qu'il le priait de pardonner à ses fils aussi innocents que braves. Loin de souscrire à sa prière, Éric, qui sans doute était fou, le frappa d'un coup de poignard ; son valet de chambre étant accouru, ajouta ses coups à ceux du royal assassin, et le malheureux comte expira les mains enlacées autour des genoux de son meurtrier.

— Grands Dieux ! mon oncle, quel acte horrible de férocité ! je vous en prie, continuez.

— Semblable à ces animaux dont on dit que le sang ne fait qu'exciter la soif, Éric, non content de l'affreux spectacle qu'il avait devant lui, donna à l'instant des ordres pour l'exécution des trois fils de ce père martyrisé. Malheureusement cet ordre bar-bare fut exécuté sur-le-champ, et d'une manière qui en fait retomber la honte sur les minis-tres de ce maître sanguinaire. Cette horrible soif de sang s'apaisa avec la même promptitude qu'elle avait été éveillée, car en moins d'une heure, Éric fut en proie à toutes les tortures du remords. Dans son désespoir, il s'enfuit de son palais, et erra quelque tems dans les bois, poursuivi par les plus effrayantes images. Sa femme qui savait en tout tems adoucir la fureur de ses emportemens, et dont la voix même exerçait une sorte de charme sur son esprit, était la seule personne qui pût l'approcher avec sureté; à la fin elle parvint à le ramener à son palais, et son désespoir se calma jusqu'à un certain point. Cependant, comme tous ses sujets attribuaient sa fuite à un dérangement d'esprit, et qu'ils craignaient, à chaque instant, que dans ses accès de de violence il ne donnât ordre de les massacrer, on jugea à propos de mettre ce prince en liberté, et de placer la couronne sur la tête de Jean qui était l'aîné.

De ce moment, Éric, le sanguinaire Éric devint l'objet de la plus profonde compassion ; et puisqu'il fut alors convenu qu'il avait la tête dérangée, nous devons en conclure que le prince règnant était d'un caractère plus cruel que celui qu'il venait de déposséder. Non seulement il refusa à son malheureux frère la société de la femme qu'il aimait, et qui lui était si utile, mais il le fit emprisonner, insulter, et le priva des nécessités les plus communes de la vie. Sachant qu'il était abattu par le remords, et lui connaissant une extrême sensibilité, il lui ôta même tout moyen d'égayer sa captivité par l'exercice de ses talens ; livres, musique, lumière, air, tout lui fut successivement enlevé, et l'on ne sait si sa mort fut le résultat de la faim, ou de moyens moins cruels, quoique plus violens.

— Quelle série de crimes et de

malheurs dans la famille du bon et glorieux Gustave !

— C'est vrai, mon ami, mais pendant le troisième règne après celui de Jean, à une époque où la Suède était entourée d'ennemis puissans, où la Pologne, la Russie et le Danemarck la menaçaient à la fois, s'éleva un autre héros, Gustave Adolphe, qui, n'étant encore que dans sa dix-huitième année, montra le courage et le génie de son illustre prédécesseur. Peu à peu il surmonta toutes les difficultés qu'il rencontra comme guerrier, ou comme homme d'état ; non seulement il conserva l'indépendance de la Suède, mais il étendit même tellement sa puissance, que si la mort ne l'avait pas surpris dans sa glorieuse carrière, il aurait pu devenir le Charlemagne de l'Europe septentrionale.

— Et que fut son fils, mon oncle ?

— Il n'eut pas de fils, mon ami ; il laissa le trône à sa fille Christine, femme douée de grands talens, mais qui n'eut, ce me semble, ni bonté dans le cœur, ni justesse dans l'esprit. Elle affectait le caractère d'un philosophe, et professait une grande admiration pour les belles lettres. Après avoir régné quel-

ques années, elle déposa la couronne de Suède en faveur de son
cousin, Charles, père de notre
héros Charles XII. On croit
qu'elle aurait tenté de la repren-
dre quelque tems après, si elle
n'avait pas embrassé la religion
catholique à Rome, où elle rési-
dait lors du changement qui lui
interdisait le trône, car en Suède
comme en Angleterre, le trône
ne peut être occupé par un prince catholique.

Charles XII fut couronné à
l'âge de quinze ans, et de ce moment jusqu'à sa mort, toute sa
vie se passa dans l'agitation et les
combats : courageux jusqu'à la

témérité, avide de pouvoir, ambitieux de s'agrandir, il sacrifia les devoirs d'un roi aux vaines prétentions d'un héros ; il obtint ce titre fastueux, à la vérité, mais il laissa un peuple appauvri et ruiné par ses folies.

— Il mourut sans enfans, je crois ?

— Oui, mon ami, et il transmit le pouvoir à sa sœur Ulrique Éléonore, qui le résigna entre les mains de son mari ; mais comme ils n'eurent pas d'enfans, à la mort de celui-ci, quatre compétiteurs se disputèrent la couronne. Ce fut Adolphe Frédéric qui l'emporta, et il eut pour successeur Gustave Adolphe, homme de talens si extraordinaires, et si remarquable par son éloquence, qu'il entraîna un jour le peuple et les soldats, et se fit revêtir d'un pouvoir absolu. Toutefois il ne jouit pas long-tems des douceurs de cette monarchie illimitée. Parmi la multitude d'amis enthousiastes qui l'entouraient, étaient aussi quelques ennemis cachés, qui l'inquiétaient sans cesse par leurs conspirations, et après avoir échappé à plusieurs tentatives, il fut enfin tué dans une mascarade.

Le prince qui lui succéda était

loin de l'égaler , mais il occupa le trône plusieurs années. A la fin , ayant mécontenté son peuple par quelques mesures contraires aux lois du pays , il fut déposé , et remplacé par un général français nommé Bernadotte , qui s'était élevé par son propre mérite. Cet homme extraordinaire a, jusqu'ici, usé de son pouvoir pour le bien de ses sujets, et conservé sa haute position long - tems après que le maître ambitieux , qui la lui fit donner, eût perdu son orgueilleuse prééminence. Nous ne pouvons douter qu'il la gardera jusqu'à sa mort , car le dernier roi a long - tems vécu comme simple gentilhomme, et son fils paraît encore se trouver bien de ce genre de vie, de manière qu'après tout, le changement a été heureux pour toutes les parties. Dans des tems de troubles et d'agitation comme ceux qui suivirent la révolution française, on peut considérer les hommes de talens extraordinaires comme des génies envoyés par la providence pour rétablir l'équilibre et la tranquillité ; et je crois que nous devons souhaiter un long règne au souverain actuel, pour le bonheur du pays qu'il gouverne.

Chapitre quatrième.

Départ de Stockolm. — Mines de Danmora. — Cataracte de la Dahl. —Upsal.
— Linnée. — Retour à Stockolm. — Ile
d'Aland. — Cachot d'Éric. — Abo, etc.

Frédéric remercia vivement
son oncle de lui avoir donné cet
aperçu historique de la Suède ;
mais il fut extrêmement surpris
lorsque M. Delmar lui apprit
qu'il avait commandé des chevaux, et qu'il attendait à chaque
instant la voiture qui devait les
conduire à Upsal.

— Comment, vous voulez partir ce soir, mon oncle? mais on ne voit goutte.

— Vous verrez que nous voyagerons très-agréablement; une lumière brillante nous éclairera une grande partie de la nuit.

Ils arrivèrent le lendemain matin, de bonne heure, à la maison d'un gentilhomme qui était un ancien ami de M. Delmar, et qui les accueillit avec les marques de la plus vive joie.

Comme il avait une nombreuse famille de garçons et de filles, qui avaient reçu une brillante éducation, et dont la plupart parlaient anglais, Frédéric éprouva, dans leur société, ce plaisir de la sympathie, qui est si doux à son âge. Ils passèrent, dans cette maison, deux jours délicieux, et continuèrent ensuite leur voyage.

Le soir, ils s'arrêtèrent dans un village voisin des mines de Dannmora, qui passent pour produire le meilleur fer de l'Europe. On ne tire pas le minerai avec la bèche, comme dans les mines d'étain ou de charbon, on se le procure comme en Angleterre, en le faisant sauter avec de la poudre à canon. On exécute cette opération tous les jours à midi, et Frédéric fut très-curieux d'y assister. Le bruit des explosions était terrible, il ressemblait à un tonnerre souterrain, et l'on eût dit, en l'entendant, que l'univers entier allait s'ébranler jusque dans ses fondemens. Lorsque tout fut terminé, Frédéric témoigna tant de désir de contempler la mine d'où sortait un bruit si étonnant, que son oncle consentit avec bonté à l'accompagner. Ils se procurèrent en conséquence une espèce de seau pouvant contenir trois personnes, et s'y placèrent avec un guide, après s'être bien enveloppés de leurs manteaux. Frédéric commença cette expédition avec une grande gaieté ; il s'attendait à voir des choses si merveilleuses , qu'il se possédait à peine ; mais lorsque la lumière commença à s'affaiblir, et que le ciel ne leur parut plus que comme une étoile solitaire, il prit un air sérieux, et jeta autour de lui des regards étonnés. Arrivés au fond de la mine, ils se trouvèrent environnés d'énormes fragmens de roche brisée, qui gissaient çà et là dans une horrible confusion, tandis qu'à la lumière des flambeaux , ils découvrirent de tous côtés des mineurs suspendus sur des chevrons, et occupés à creuser des trous pour introduire la poudre. Il s'étonnait comment ils pouvaient se maintenir avec une si parfaite tranquillité dans une position si périlleuse ; le plus léger mouvement aurait suffi pour leur faire perdre l'équilibre, et, dans ce cas, ils se seraient inévitablement brisés en tombant sur les pointes de rocher qui étaient au-dessous d'eux. Frédéric ne put s'empêcher de plaindre vivement les malheureux que le sort condamnait à une si pénible existence, mais quelle ne fut pas son affliction, quand il apprit qu'on ne s'exposait à tant de danger que pour la faible somme de six sous par jour ! Il éprouva un douloureux sentiment de pitié mêlé de dégoût, à la vue de huit malheureux réunis autour d'un brasier, pour prendre leur repas ; ce qui ajoutait encore au terrible aspect de ce lieu, l'idée d'un froid rigoureux, qui avait en effet couvert la terre de glaces dans plusieurs endroits. Ils s'empressèrent de se faire remonter, et se trouvèrent heureux de revoir la surface de la terre, et de sentir la douce influence d'un ciel pur et serein. Mais tout en poursuivant leur route, ils ne pouvaient penser à autre chose qu'à l'horrible spectacle qu'ils venaient d'avoir devant les yeux. Arrivés enfin à la cataracte de la Dahl, sa magnificence et son aspect imposant et sublime furent seuls capables de bannir de leur esprit le souvenir de ce séjour affreux, qui était une véritable image des enfers.

M. Delmar n'avait point dit à son neveu qu'il aurait le plaisir de voir ce merveilleux ouvrage de la nature, dont il avait beaucoup entendu parler parmi les jeunes amis qu'il venait de quitter. Sa reconnaissance pour une pareille surprise augmenta encore le plaisir et l'admiration dont il se sentait transporté à la vue de tant de grandeur, et il se retourna, les larmes aux yeux, pour embrasser l'ami qui la lui avait ménagée, il ne pouvait témoigner autrement ce qu'il éprouvait; sa voix, s'il eût voulu parler, eût été couverte par la masse d'eau qui tombait avec un bruit prodigieux.

La rivière de la Dahl prend sa source dans la Laponie Norwégienne, et après avoir parcouru une vaste étendue de pays, elle se précipite, d'une hauteur de quarante pieds, dans un endroit où elle n'a pas plus de quatrevingts toises de large, tandis qu'elle en a plus de cinq cents quelques lieues plus haut. Il en résulte qu'elle tombe avec une impétuosité terrible, et qu'il se passe long-tems avant que l'agitation s'apaise, et que le majestueux torrent reprenne sa tranquillité. Le mugissement des eaux tombant, surpasse celui du coup de tonnerre le plus éclatant, et les vapeurs qui s'en élèvent, obscurcissent tous les objets d'alentour, de sorte que la vue de près en est grande et effrayante, plutôt que belle et agréable.

De la cataracte de la Dahl, qui qui était le point le plus au nord que M. Delmar se proposât de visiter, ils se dirigèrent en droite

ligne vers Upsal , université fa-
meuse qui ne répondit nulle-
ment à l'attente de Frédéric. Ils
allèrent d'abord visiter la cathédrale bâtie en brique , et qui
cependant n'est pas sans élégance. Mais l'objet le plus intéressant
qu'y trouva notre jeune ami, fut
le tombeau de Gustave Vasa ,
glorieux libérateur, et sage gouverneur du peuple qui lui confia
ses destinées.

En quittant la cathédrale , ils
se firent conduire vers la maison
du célèbre Linnée , père de la
botanique moderne , et se pro-
menèrent long-tems dans le vaste
jardin formé par ce savant infa-

tigable qui, à force de soins, ramassa une collection de plantes, alors sans rivale. Ses échantillons desséchés, qui constituaient un muséum précieux, fut acheté à sa veuve par feu sir James Smith, président de la société Linnéenne, et sont maintenant à Londres.

Frédéric apprit, avec beaucoup de plaisir, que ce grand naturaliste avait joui, pendant sa vie, des grands émolumens et des honneurs que lui avaient si bien mérité ses travaux, car son souverain lui fit une pension et l'ennoblit ; des médailles furent frappées en son honneur, et les savans de tous les pays civilisés s'estimèrent heureux de lui témoigner leur estime, et de contribuer à sa collection. Il mourut en 1788, et fut enterré avec beaucoup de solennité dans la cathédrale, où ses disciples élevèrent un monument à sa mémoire.

Nos voyageurs, après un séjour d'une semaine employée à visiter tout ce que la ville renfermait de curieux, se mirent en route pour retourner à Stockolm. Ils choisirent la route la plus courte, et traversèrent un pays sauvage et désert, couvert de pierres mousseuses ou d'immenses forêts, non susceptible de culture et presque sans habitans. C'est dans ces vastes solitudes qu'on trouve le cuivre, le fer, et même de l'argent. Ils virent, dans le voisinage de la route, sept forges qui occupent chacune quatre ou cinq cents hommes, pauvres malheureux qui obtiennent ainsi des autres élémens, cette subsistance que la terre refuse à ses enfans.

Pendant leur voyage, ils logèrent chez des nobles et des gentilshommes pour lesquels M. Delmar avait des lettres d'introduction. Ceux-ci leur faisaient toujours le plus gracieux accueil et les pourvoyaient de tout avec une profusion qui les surprenait dans un pareil pays. Une chose frappa Frédéric dans la disposition de leurs diners, et lui parut un défaut ; c'était l'habitude de faire servir un grand nombre de plats à la fois, ce qui, dans un pays froid, en gâtait la moitié ; mais une autre habitude qui le choqua bien davantage, fut celle de boire un verre d'eau-de-vie avant diner, habitude qui était suivie par les dames aussi bien que par les messieurs.

En arrivant à Stockolm, capitale de la Suède, qui est bâtie sur sept îles unies entre elles par douze ponts, ils résolurent de l'examiner avec la plus grande attention. La partie la plus frappante de la ville, est celle qui avoisine le port ; les rues s'y élèvent l'une au-dessus de l'autre, sous la forme d'un amphithéâtre, dont le sommet est couronné par le palais, bâtiment d'une magnificence vraiement royale. Les maisons étant pour la plupart construites en pierre ou en stuc, avaient une apparence très-agréable, mais ils ne remarquèrent dans la ville elle-même rien qui leur plût beaucoup. Ce n'est qu'en avançant d'un autre côté, qu'ils virent, sur les bords du lac Meler , le palais de Drontingholm, résidence royale , d'une petite dimension, mais fort élégante. Elle enchanta Fréderic. Toutes les chambres étaient garnies de pierres précieuses, de statues, de pétrifications, ou de tableaux. Il y avait aussi une immense bibliothèque et une riche collection de statues antiques tirées d'Herculanum en Italie, et quelques belles tapisseries représentant les batailles de Gustave-Adolphe. L'ordre et l'arrangement qui régnaient partout, montraient le bon goût de celle qui avait embelli ce séjour.

C'était la reine douairière, mère du monarque actuel et sœur de Frédéric le Grand, roi de Prusse.

En quittant cette capitale, ils se rendirent à Griselham, d'où ils traversèrent le golfe de Bothnie, et débarquèrent à l'île d'Aland, qui se trouvait sur leur chemin pour aller en Finlande. Voulant visiter un peu le pays, ils louèrent des chevaux, et pendant qu'ils traversaient un village appelé Narvalosbeg, le baillif vint à leur rencontre, et les avertit, qu'à environ deux lieues, ils trouveraient une ancienne forteresse, où était la chambre qui avait servi de cachot au roi Éric. Il la décrivit avec tant d'exactitude, que ses auditeurs ne doutèrent pas qu'il n'eût examiné lui-même, avec le plus grand soin, ce lieu témoin des souffrances royales.

Il me semble étrange, dit Frédéric, lorsqu'ils furent hors du village, que l'on s'occupe plus des rois et de ce qui leur arrive, que des autres hommes ; néanmoins la chose est ainsi, et moi - même, j'éprouve un vif sentiment de ce genre, quoique je n'aie jamais vu un monarque, pas même celui de mon pays.

La loyauté, comme le patriotisme, mon cher ami, est une

des affections communes à la nature humaine ; et quoiqu'elle puisse quelquefois être étouffée par une passion plus puissante, il en restera toujours une portion dans le cœur de l'homme ; aucune circonstance ne peut la détruire entièrement. Le destin des Stuarts en est une forte preuve ; nous les voyons accompagnés, défendus, sauvés par ceux qu'une telle conduite exposait à la pauvreté , au danger , à la mort , et presque toujours ces âmes généreuses ont refusé de magnifiques récompenses, après avoir volontairement couru tant de périls. Le dévouement est une belle chose, mon ami ; c'est un sentiment d'une nature bien noble, on pourrait presque dire sublime , puisqu'il fait taire cet intérêt personnel si fortement inhérent à la nature de l'homme ; mais, comme tous les autres sentimens , il a besoin d'être guidé par la raison.

Tout en causant ainsi , ils arrivèrent au vieux château , dont les ruines avaient un aspect imposant et vénérable. Ils se mirent aussitôt à rechercher la chambre qui avait servi de prison. Mais, comme elle se trouvait dans une partie délabrée du bâtiment, et qu'un homme aussi pesant que

M. Delmar n'aurait pu y aller sans danger , Frédéric pria son oncle de rester où ils étaient alors, pendant que lui, à l'aide du jeune paysan qui conduisait leur voiture , et qui disait connaître l'endroit , entreprendrait de le découvrir.

Après avoir rampé sur ses genoux et sur ses mains avec beaucoup de difficulté , et traversé ainsi une arcade , Frédéric atteignit une trape, au moyen de laquelle il entra dans un cachot, séjour trop étroit, même pour un malfaiteur, puisqu'il n'avait que vingt-trois pieds de long sur dix de large. Il était pavé de briques, que les pas du roi avaient évidemment usés dans le petit sentier où il avait coutume de se promener. Hélas ! Hélas ! s'écria Frédéric , ce fut donc là la de-meure de votre fils , ô Gustave Vasa ! de l'enfant que vous avez tenu sur vos genoux ! du jeune homme dont le nobles qualités faisaient votre orgueil ! un autre de vos fils a-t-il donc pu assigner un si horrible séjour à son pro-pre frère ? son cœur était assu-rément plus dur que les pierres sur lesquelles je marche.

Pressé par le paysan, il revint bientôt sur ses pas et trouva son oncle qui l'attendait dans une grande inquiétude, non seulement il lui fit part de ce qu'il avait vu ; mais il lui communiqua encore les réflexions qu'il avait faites sur la cruauté de celui qui avait donné une telle demeure à l'infortuné roi.

Je suis tout à fait de votre avis, dit M. Delmar, supposé qu'Éric eût été maître de lui, (et il ne l'était pas) ses crimes, tout grands qu'ils fussent, n'égalent point en turpitude la conduite de Jean ; dans l'un, on ne voit que l'emportement de la passion ; dans l'autre, c'est la méchanceté, une vengeance implacable, et une cruauté que rien ne peut assouvir.

On rapporte que quand on traduisit Éric devant le tribunal qui le condamna, et que son frère l'accusa de folie, il fixa sur l'accusateur ses yeux où brillait l'intelligence, et où se peignait une froide indignation, et prononça avec un grand calme ce peu de mots : *Je n'ai jamais été fou qu'une fois en ma vie, et ce fut lorsque je vous mis en liberté.*

M. Delmar et son neveu quittèrent cette île pour se rendre dans une autre appelée Lappa. La mer, parsemée d'îles dans cet endroit, présentait le coup d'œil le plus pittoresque. Dans le cours de la nuit, ils entrèrent dans la rivière, et débarquèrent à Abo.

Bien que ce fût le siège d'une université, la capitale de la Finlande n'offrait aucun objet intéressant; mais comme ils arrivèrent précisément à l'époque d'une foire, ils prirent un grand plaisir à examiner l'extérieur du peuple, qui présentait une variété de costumes très-amusante, les uns étant vêtus comme les habitans du nord de l'Europe, les autres à la manière des asiatiques.

D'Abo, ils passèrent à la cité de Borga, et de là à Frédérickshavn. (Nous espérons que nos jeunes lecteurs suivront cette route sur leur carte.) Arrivés dans cette dernière ville , ils se trouvèrent enfin au milieu d'un peuple tout différent de ceux qu'ils avaient vus jusque là ; figure, manières, costume, tout était moscovite, et un trajet de mille lieues n'aurait pas produit un changement plus complet que celui qui venait d'avoir lieu dans l'espace de quelquesheures.

Hé bien , mon oncle , nous voici dans un nouveau monde , dit Frédéric , et cette ville qui porte mon nom, est aussi selon mon cœur, car elle est construite sur le plan le plus élégant que j'aie jamais vu ; les rues partent toutes du même endroit comme les rayons partent du centre d'un cercle.

Et ce centre est la halle de la ville, que nous ne visiterons pas, parce qu'elle n'a rien de remarquable. Je commence à être fatigué de voyager, et je suis impatient d'arriver à Saint-Pétersbourg ; ainsi donc , nous nous mettrons en route de bonne heure, demain matin.

Ils furent frappés de la vue des environs de Frédérickshaven, qui leur parurent mieux cultivés que les pays qu'ils avaient vus auparavant; mais plus loin, la contrée reprenait son aspect doux et triste, pour ne le quitter qu'aux approches de cette grande et belle cité fondée par l'énergie de Pierre le Grand.

Mon cher oncle, dites-moi, je vous prie quelque chose du fondateur, avant que nous examinions la ville, dit Frédéric. Voici comment l'oncle complaisant satisfit à ce désir.

Chapitre cinquième.

Pierre le Grand. — Catherine, son épouse. Élisabeth. — Catherine II. — Succès de sa conspiration. — Son règne etc.

Pierre le Grand, fondateur de cette ville, civilisateur et législateur de son pays, commença à règner seul en 1696; jusque là il avait partagé la souveraineté avec son frère Iwan. Il était âgé d'environ dix-sept ans, et il ne tarda pas à montrer cet esprit hardi et étendu, et cette ardente soif de s'instruire, qui l'ont rendu si célèbre. Laissant son empire à la direction du général Gordon, gentilhomme écossais, il commença ses voyages comme un employé de son propre ambassadeur, et se fit charpentier à Sardam en Hollande, et à Deptford en Angleterre. Lorsqu'il eut acquis assez de connaissances dans l'art de construire des vaisseaux, et dans la navigation, il revint dans son pays, bien décidé à former une marine et à faire participer ainsi la Russie aux avantages du commerce.

— Et à bâtir une ville aussi, mon oncle ?

— Oui, mon ami. A cette époque Petersbourg ne se composait que de quelques misérables cabanes de pêcheurs, construites sur une petite île marécageuse ; mais comme la position convenait à ses vues, il résolut de surmonter tous les obstacles que la nature lui opposait, pour y parvenir, il fit faire les fondations solîdes sur le même plan qu'il avait vu suivre à l'hôtel de ville d'Amsterdam, et qu'on a dernierement adopté à Londres pour l'hôtel des douanes. Plusieurs miliers de ses sujets perdirent la vie dans ce travail, et comme il était alors en guerre avec tous ses voisins et surtout avec Charles XII, roi de Suéde, vous pouvez juger quelle énergie il lui fallut pour venir à bout de son entreprise. Pour lui la défaite était presque aussi utile que la victoire, car elle lui enseignait ces connaissances précieuses qui sont le fruit de l'expérience, et de ses ennemis faisait ses instructeurs. Il ne régna que vingt-neuf ans, mais il vécut pourtant assez pour voir ses ennemis subjugués ou apaisés, les bornes de son empire reculées au-delà de ses espérances, les arts de la paix et les commodités de la vie se répandant peu à peu sur un pays dont il avait trouvé les habitans aussi féroces et aussi sauvages que les loups qui infestaient leurs forêts.

— Et exécuta-t-il ses plans sans secours étrangers ?

— On dit qu'il fut beaucoup aidé par son épouse, jeune femme aussi aimable que belle, et dont l'histoire n'est pas moins étonnante que le génie de son mari. Elle était née de pauvres paysans de Livonie, et à l'époque où Pierre porta dans ce pays ses armes terribles, elle fut obligée de fuir sa chaumière et de se réfugier à Mariembourg. Ayant été reçue par pitié dans la maison d'un prêtre , elle se rendit si utile à cet homme charitable , qu'il la garda comme gouvernante de ses enfans , preuve qu'elle avait des talens et quelque éducation. Le fils de son maître en devint épris, lui offrit sa main qu'elle accepta par reconnaissance pour son père , mais le jour même où la cérémonie devait avoir lieu , le Czar Pierre assiégea la ville. Le fiancé fut tué dès le premier assaut ; Catherine s'était cachée dans un four, et lorsque la ville fut prise, elle en fut tirée par une soldatesque triomphante, qui l'entraîna malgré ses pleurs et ses supplications. La princesse Menzikoff, qui avait accompagné son mari dans cette expédition, ayant été informée de cette singulière découverte, et de la situation critique où se trouvait Catherine, la prit à son service, d'où il arriva qu'elle était continuellement sous les yeux de l'empereur. Sa jeunesse, sa beauté, les talens et la vertu qu'elle déploya, le charmèrent à un tel point qu'il l'épousa, et la traita, jusqu'à la fin de sa vie, avec la plus tendre affection. Non seulement il la fit couronner comme impératrice, mais il déclara même que ce serait elle qui lui succéderait, ce qui arriva en effet, car il n'avait qu'un seul fils , pour lequel il éprouvait une aversion insur-montable, aversion qui s'accrut à un tel point, qu'il fit condam-ce jeune prince comme coupable de haute trahison.

— Quel tyran cruel ! Je vous demande pardon de vous avoir ainsi interrompu, mon cher on-cle, mais comment aurais-je pu m'empêcher d'éprouver de la compassion pour cet infortuné jeune homme ?

— Ne cherchez pas à vous ex-cuser , mon cher enfant , votre émotion vous fait honneur , et le jeune prince méritait votre pitié , car , supposé qu'il fût à blâmer , (et je ne puis même trouver cette excuse pour son père dénaturé) la conduite de ce père suffisait pour expliquer son égarement. Heureusement pour lui, il mourut de la fièvre , mais le soupçon d'avoir hâté sa mort par le poison , s'attache encore à la mémoire de Pierre. On ne peut disconvenir que ce monarque portait à l'excès les bonnes et les mauvaises qualités ; il était tyrannique , cruel , féroce , et châtiait de sa propre main les malheureux qui encouraient sa disgrâce. Être grand , mais terrible , il nous paraît , dans

toute sa carrière, mon cher Frédéric, ressembler au tonnerre,
portant, partout où il frappe,
la mort et la désolation, éclair-
cissant toutefois l'atmosphère,
et rendant la lumière et la vie à
la terre étonnée et tremblante.

— Il fallait, ce me semble,
que Catherine fût une femme
bien étonnante, pour savoir ma-
nier un tel homme. Que devint-
elle dans la suite ?

— Elle ne règna pas long-tems
après la mort de son époux,
puisqu'elle mourut deux ans
après lui. Elle eut pour successeur Pierre II, petit-fils de son
mari, dont le père avait eu un

destin si malheureux. Celui-ci mourut de la petite-vérole , en 1750 ; et comme il n'y avait plus de descendant mâle de la famille de Pierre, le trône fut transmis à Anne , nièce de Pierre. A sa mort, Élisabeth , fille de Pierre et de Catherine (sa seconde femme) lui succéda.

— Montra-t-elle autant de talens que ses parens ?

— Il n'y a aucune circonstance de son règne qui le prouve ; cependant ce règne fut prospère et glorieux. D'après la volonté exprimée dans son testament , Iwan fut nommé empereur ; il était fils de sa nièce la princesse de Mecklembourg Strelitz et d'Antoine Elric , et était encore au berceau ; de sorte qu'on ne voit aucune raison qui ne pût motiver cette nomination, sinon que, du côté de sa mère, il descendait de la tige impériale en ligne plus directe qu'Élisabeth. Nous ne concevons pas non plus comment la volonté de l'impératrice a pu exclure la descendance immédiate de Pierre. Cette volonté ne fut pas suivie, la force l'emporta. Élisabeth fit arrêter tous les membres de la famille , et les envoya dans une prison éloignée, à l'exception d'Iwan , qu'elle plaça avec plus de sûreté dans une citadelle à Saint-Pétersbourg, où son éducation fut tout-à-fait négligée. Après y avoir vécu quelques années dans un état d'inertie et de stupidité, il fut assassiné, pour assurer la paix du pays et la sécurité de l'impératrice régnante.

Jusqu'alors, la torture la plus horrible était en usage en Russie dans les causes criminelles et politiques ; mais Élisabeth abolit plusieurs des modes dont on l'administrait, et passa pour bonne et compatissante, parce que, sous son règne, personne ne fut mis à mort, quoique le châtiment du knout fût infligé avec tant de sévérité que souvent la mort s'en suivait. Elle désigna, pour son successeur, le duc de Holstein, fils de sa fille aînée, qui monta sur le trône en 1762. C'était un prince faible, incapable de soutenir le poids d'un si vaste empire; entouré de favoris et occupé d'objets frivoles, il encouragea les mal-intentionnés et offensa les sages. Sa femme, princesse de la famille d'Anhalt Zerbst, était d'un caractère bien différent, car elle réunissait à une grande beauté des manières insinuantes, un esprit mâle et hardi, et cependant elle n'excita jamais en lui cette admiration qu'elle obtenait des autres. Poussée en partie par le ressentiment qu'elle éprouvait de se voir négligée ainsi, en partie par l'ambition qui était alliée à un véritable patriotisme, elle forma une conspiration qui fut conduite avec tant de secret, qu'en une seule nuit, cette épouse négligée, cette princesse sans pouvoir, s'assit sur un trône, et devint la maîtresse absolue du plus vaste empire.

— Mon cher oncle, comment cela put-il se faire ?

— La personne qui dirigea les premiers fils de cette heureuse conspiration, fut une jeune princesse à peine âgée de dix-huit ans, et amie intime de Catherine, qui avait quelques années de plus. Elle avait concerté un plan avec les principaux officiers de l'armée, et lorsque le moment favorable parut arrivé, elle partit une nuit pour la résidence de l'impératrice, l'éveilla à la hâte, et la conduisit à Saint-Pétersbourg. A son arrivée dans cette ville, elle se hâta de prendre l'uniforme d'un jeune officier, monta sur un cheval qui lui avait été préparé, et se présenta aux soldats, qui crièrent sur-le-champ : *Vive Catherine II !* Le peuple commença alors à s'assembler dans les rues, ne sachant quelle était la cause du tumulte. Mais dès qu'il la connut , il joignit ses acclamations à celles de l'armée ; car un grand nombre admirait et plaignait leur jeune impératrice, tandisque tous haïssaient l'empereur. Cette aversion avait pour cause l'absurde préférence qu'il accordait à la Prusse sur son propre pays, ses innovations, et particulièrement l'édit qui enjoignait aux membres du clergé de couper leur barbe.

— Cet édit était une sottise, car il est certain qu'avec leur barbe , les prêtres auraient un air bien plus vénérable ; mais dites-moi, je vous prie, comment s'établit ce concours étonnant ?

— Au moment où chacun demandait à son voisin pour quel motif les troupes étaient assemblées , et quel était le but de leurs acclamations, une procession de prêtres apparut, et l'on vit passer un magnifique convoi funèbre. Ce coup d'habile politique produisit l'effet désiré ; aussitôt que le convoi fut passé, la populace fit retentir l'air des cris de : *Vive Catherine II, impératrice de toutes les Russies !* et ne put retirer le pouvoir qu'elle avait ainsi donné , lorsqu'elle apprit que son souverain vivait encore ; elle n'éprouva pas même l'envie de le faire. L'extérieur aimable, les sourires séduisans , et le ton de commandement de leur jeune impératrice , gagnèrent tous les cœurs , et lui assurèrent un ascendant sans bornes sur un peuple ignorant , mais dévoué.

— Mais où était l'empereur pendant que cette scène imposante se passait ?

— Pierre s'amusait tranquillement dans une cour composée principalement de dames, à une distance d'environ quatre lieues ; il apprit la nouvelle avec toute la terreur naturelle à un esprit faible et efféminé, et repoussant l'avis que lui donna un ami courageux et fidèle, de partir pour sa capitale, et de réclamer en personne la fidélité de son peuple et de son armée, il n'écouta que celui des femmes. D'après leurs conseils, il s'embarqua avec elles pour Cronstadt, forteresse située sur une île de la Néva.

Catherine avait jeté ses plans long-tems avant qu'ils éclatâssent dans la capitale, et le gouverneur de cette forteresse était son ami. Lorsque Pierre en approcha, on lui fit dire que s'il ne rebroussait pas chemin, on coulerait son vaisseau, et l'on pointa en effet des canons contre lui. Ses Conseillers féminins l'entouraient tout effrayés, et le suppliaient de retourner sur ses pas. Le faible monarque obéit à leurs désirs, et perdit ainsi la seule chance de rétablissement qui lui restât, puisqu'il est certain que s'il s'était montré à la garnison, elle aurait refusé d'obéir au gouverneur, et se serait déclarée en sa faveur, ce qui lui aurait procuré un lieu de refuge, jusqu'à ce qu'il eût pu rallier ses amis, s'il en avait.

A son entrée dans la ville, il fut reçu par l'impératrice, revêtue des attributs de la royauté et des marques de triomphe, et le malheureux Pierre, abattu et tremblant, consentit à signer un acte, par lequel il résignait un rang qu'il n'avait pas le courage de défendre. Sa déposition fut publiée à Saint-Pétersbourg, et il partit pour une maison de campagne, ne conservant que son premier titre de duc de Holstein, comme beaucoup d'autres souverains détrônés. Il n'eut pas long-tems à déplorer la perte de son empire, car sept jours après, il fut étranglé dans sa chambre, au moyen d'une serviette. Son corps fut exposé à l'église pendant plusieurs jours, pour satisfaire tous ceux que la curiosité ou l'affetion pouvait engager à l'examiner, et l'on dit qu'il ne présentait aucune marque de violence. Sa mort a terni la gloire de l'impératrice ; mais depuis quelques années, il a transpiré beaucoup de circonstances qui tendraient à la soustraire, jusqu'à un certain point, à cette imputation. La satisfaction qu'elle laissa voir dans cette circonstance, ne permet sans doute pas de croire qu'elle en rechercha bien activement les auteurs, et il est certain que cette mort la délivra de bien des craintes pour l'avenir.

— Se montra-t-elle dans la suite bonne souveraine ?

— La meilleure que la Russie ait jamais eue ; ses talens supérieurs , ses lois pleines de sagesse , et son administration douce et vigilante portèrent le pays à un état de prospérité que Pierre le Grand , dans ses plus belles visions de gloire , n'avait probablement jamais espéré atteindre. Plus humaine et plus politique que lui , elle ne tenta pas de faire adopter de force , à ses peuples barbares, des améliorations qu'ils ne pouvaient comprendre ; mais elle les engagea peu-à-peu à cultiver les arts et à prendre les manières de leurs voisins plus civilisés, et leur apprit à croire que l'instruction est nécessaire pour être heureux.

— C'était une grande princesse, mon oncle, et elle méritait un trône.

— Cela est vrai dans tout ce qui a rapport à la Russie ; mais pendant qu'elle défendait les intérêts et qu'elle augmentait le bien-être de son peuple avec la vigilance d'une souveraine et l'affection d'une mère, ses vues ambitieuses sur les autres pays ne connaissaient pas de bornes. Elle s'unit avec l'empereur d'Allemagne et le roi de Prusse, pour le démembrement et la destruction de la Pologne, projet le plus inique qui soit jamais entré dans l'esprit des tyrans. Fouler ainsi aux pieds un peuple plein de bravoure, détrôner un monarque excellent, quoique malheureux, dont ils se partagèrent le royaume, n'est-ce pas là une conduite plus digne de bandits rapaces que de souverains grands et équitables ? Aussi imprime-t-elle à leur nom une tache ineffaçable.

Pendant le règne de Catherine, on forma un complot contre elle, pour délivrer Iwan de la prison qu'il occupait, pour ainsi dire , depuis sa naissance , et le placer sur le trône , mais à la première nouvelle que la prison était attaquée, l'officier à qui la garde du prince était confiée , s'élança sur le lit où ce malheureux dormait tranquillement, et le tua d'un coup de poignard. Nous ne pouvons douter que cet homme n'ait agi selon les ordres qu'il avait reçus ; cependant il ne serait pas juste d'accuser Catherine de ce meurtre, car il fut commis dans un moment de troubles et d'alarmes, et par suite d'une attaque. Quelques années après , l'impératrice délivra ses deux sœurs et un frère plus jeune, et les envoya en Allemagne. On dit que ces malheureux avaient été si long-tems en prison, qu'ils craignaient de quitter la seule demeure qu'ils eussent jamais connue ; et que comme leur voyage fut malheureusement long et dangereux, ils déplorèrent amèrement d'avoir été tirés d'une prison à laquelle ils étaient habitués, pour être exposés à des accidens nouveaux et pénibles, dont ils n'avaient auparavant aucune idée. Mais lorsqu'ils se trouvèrent dans le pays de leur mère, où ils reçurent le meilleur accueil, ils commencèrent à goûter les douceurs de la liberté, et à jouir avec une vivacité extraordinaire des charmes de la société. On dit que les princesses avaient beaucoup d'instruction et des manières séduisantes, leur tendre mère s'étant toute entière consacrée à leur éducation, durant sa longue captivité.

Catherine (qui est peut-être la femme la plus extraordinaire qui ait jamais vécu) après avoir exécuté des merveilles de toute espèce, et régné assez long-tems pour consolider ses plans, mourut, et laissa l'empire à son fils Paul.

— Fut-il également extraordinaire, mon oncle ?

— Oui , mon ami, mais non pas dans le sens que vous l'entendez. Il eut plus de défauts même que son père, tandis qu'il était complettement dépourvu des talens de sa mère ; c'était un véritable idiot sous plusieurs rapports. Après avoir rendu sa famille malheureuse, et dégoûté son peuple , il mourut aussi de mort violente , et eut pour successeur son fils Alexandre, jeune prince aimable, et du plus grand mérite, qui visita l'Angleterre en mil huit cent quatorze, si vous vous le rappelez.

— Et qui soutint une si rude guerre contre Bonaparte, dont il fut d'abord l'ami, et plus tard le vainqueur?

— Précisément. Ce monarque est mort il y a deux ans, sincèrement regretté par ses sujets. On peut dire qu'il méritait ses regrets car il aimait son peuple, et chercha toujours à étendre son commerce, sa puissance, et à augmenter son bien-être. Il eut pour successeur son frère Nicolas, qui règne actuellement. Maintenant que je vous ai donné une histoire succincte du gouvernement de Saint-Pétersbourg, nous nous trouvons préparés à examiner la ville avec le plus grand intérêt.

Chapitre sixième.

Monument de Pierre le Grand. — Palais.
— Amusemens. — Montagnes de neige.
— Éducation. — Société.

Quoique remplie de maisons et contenant entre quatre et cinq cents mille habitans, Saint-Pétersbourg présentait encore, dans différens endroits, l'aspect d'une ville en construction. Mais de tout ce que Frédéric avait vu jusque là, rien ne l'avait ravi autant que le monument que la

7*

dernière impératrice fit élever en l'honneur de Pierre le Grand, et qui est, sous tous les rapports, digne de ces deux célèbres personnages.

Le piédestal est à lui seul un prodige; c'est une roche d'une beauté extraordinaire, tirée d'une partie très-éloignée du pays, et qu'on fit transporter sur la Néva, avec des peines et une adresse incroyables, et placer dans une partie convenable de la ville, dont elle est un emblème. Sur cette roche s'élève, dans une position presque perpendiculaire, la statue de Pierre le Grand. L'empereur est à cheval; toute sa figure est pleine de vie et d'expression ; de la main gauche il tient les rênes de son cheval, et il étend la droite comme le maître et le père du pays qu'il contemple. On lit cette inscription sur le piédestal :

CATHERINE II , A PIERRE Ier.

Cette simple inscription, donnée par l'impératrice elle-même, est une des plus heureuses qu'on ait jamais conçues, car elle possède à la fois cette brièveté , qui est le caractère du sublime , et cette simplicité qui est inséparable de la véritable majesté.

Nos voyageurs visitèrent un grand nombre d'églises, toutes

d'un style magnifique, et la plupart couronnées de dômes ; presque toujours un certain groupe de petites entoure la plus grande; toutes sont couvertes en cuivre , et les dômes dorés d'or pur, ce qui produit un très-bel effet lorsqu'ils sont frappés par les rayons du soleil. Ils ne purent admirer l'intérieur de ces églises, car bien qu'elles fussent décorées avec des ornemens très-précieux, on y remarquait un tel défaut de goût, que le tout en devenait ridicule. Non seulement on avait entouré leurs mauvais tableaux d'une profusion d'ornemens d'or et d'argent, mais souvent on les avait entièrement couverts, à l'exception des mains de J.-C., ou de la Sainte Vierge, qu'on laissait à découvert, pour que les âmes pieuses pussent les baiser. Il est pénible de se moquer d'une chose qui est sacrée pour d'autres ; mais ces figures sont souvent si burlesques, qu'on ne peut s'empêcher de sourire en les voyant.

Dans l'église de la citadelle reposent les restes de plusieurs souverains, rangés de chaque côté de l'allée comme en Danemarck ; mais aucun monument de marbre ne les distingue. Le palais d'Hiver est bâti de pierre, sur les bords de la Néva ; il est d'une architecture riche, mais pesante. Dans le centre de la ville, et à une courte distance, se trouve un autre palais plus petit, appelé l'Hermitage, où l'on voit deux belles galeries de tableaux, qu'on a fait venir d'Italie à des frais immenses. Le palais d'Été est regardé comme une des plus belles productions de l'architecture moderne; ils y virent la couronne impériale qui est évidemment là plus riche du monde. Elle a la forme d'un bonnet, et est toute couverte de pierreries. Le sceptre contient un diamant célèbre, qui a coûté cinquante mille roubles; le rouble vaut quatre francs. Il y a très-peu de maisons en pierre à Saint-Pétersbourg; en général elles sont construites en brique; il y en a aussi plusieurs en bois. Les rues sont spacieuses et aérées, et le style général des bâtimens est beau; mais toutes les fois que M. Delmar en faisait observer la grandeur ou l'élégance, Frédéric s'écriait : tout cela cet très-bien, mon oncle, mais c'est la rivière, la glorieuse, la belle Néva, qui est l'orgueil de Saint-Pétersbourg; elle est toujours limpide, toujours pleine, et couverte de vaisseaux dont l'œil se plait à suivre les mouvemens.

C'est très-vrai, Frédéric, mais nous la verrons bientôt s'arrêter, non pas cependant que la glace nous empêchera de voir une scène pleine de mouvement se passer à sa surface, car c'est alors que les traîneaux et les patineurs présentent un spectacle non moins vivant et non moins animé que celui des vaisseaux. Mais si elle est utile, elle a aussi ses inconvéniens ; souvent les inondations ont causé un grand préjudice aux habitans, et menacé d'engloutir toute la ville. En mil sept cent soixante dix-sept, ses eaux s'élevèrent à quatre pieds et demi au-dessus de leur hauteur ordinaire, et produisirent les plus affreux dégats. Une foule de bâtimens furent renversés, et des milliers de personnes perdirent la vie.

Il n'était pas étonnant que Frédéric admirât tellement la Néva ; il trouvait sur ses bords la plus magnifique promenade qui soit au monde. C'est une allée d'un mille de longueur ; d'un côté s'élèvent des bâtimens parfaitement uniformes et d'une élégance remarquable ; de l'autre s'agitent, sur la riante Néva, les barques des amis du plaisir et les vaisseaux du négociant qui court après la fortune. Mais en peu de tems la scène changea ; l'hiver arriva tout-à-coup , ce qui est très-commun dans ce climat ; heureusement que notre jeune voyageur avait acquis , pendant ses derniers voyages, une santé et une force étonnantes ; sans cela, la rigueur du froid aurait pu lui faire beaucoup de mal.

En très-peu de jours la rivière fut prise, et offrit l'image d'une rue où la foule s'entasse un jour de foire. Les promeneurs, les patineurs , les traîneaux , les hommes d'affaires , les hommes de plaisir, tout s'y trouvait confondu, et Frédéric vit de nouveau la Néva avec plaisir , quoique le spectacle fût différent. Dans le cours d'une quinzaine, une chute de neige abondante ayant été suivie d'une forte gelée, il eut occasion de jouir d'un amusement national, qu'on a voulu dernièrement imiter à Paris, mais avec des matériaux très-différens.

On entassa une énorme quantité de neige, que le froid durcit bientôt, et change en une montagne de glace; on en élève plusieurs en ligne droite à travers la Néva, et l'on a soin que chacune d'elles soit toujours un peu moins haute que celle qui la précéde, ensuite on construit une petite voiture légère, peinte de couleurs brillantes et décorée d'une manière fantastique ; une personne s'y assied tenant une espèce de gouvernail pour se guider, lorsqu'une de ces voitures est trainée au sommet de la plus haute montagne, la rapidité avec laquelle elle descend la pousse sur la seconde, de la seconde sur la troisième jusqu'à la fin de la ligne. Il arrive souvent que la mauvaise construction des voitures, ou la maladresse de ceux qui les conduisent les fait culbuter ou glisser de côté, et dans ce cas ceux qui suivent partagent inévitablement le destin du premier. Mais les voitures sont si légères, et les cochers si habitués à de pareils accidens, qu'il en résulte rarement quelque chose de sérieux. Frédéric trouva ce divertissement excellent, et il n'hésita pas à risquer une culbute ; mais on ne put engager son oncle à en faire autant.

Les comédies françaises et russes ne se jouaient alors qu'au palais impérial , et nos deux voyageurs trouvèrent moyen d'y assister, mais comme elles étaient inférieures à celles qu'ils avaient vues en Angleterre, ils ne cherchèrent pas à y être admis une seconde fois. Ils éprouvèrent beaucoup de plaisir à visiter une noble et belle institution , qui n'a point de rivale ; c'est une école pour l'éducation des femmes, qu'on y élève d'une manière conforme à leur rang. Elle renferme un petit théâtre , sur lequel de jeunes personnes exécutent de petites pièces tirées du français, qu'elles parlent avec la plus grande pureté. Quelques unes d'entre elles chantent aussi d'une manière très-agréable ; la musique est même une de leurs principales études , et elles y consacrent beaucoup de tems. La compagnie invitée à venir en-

tendre cet essai de jeunes talens,
parut enchantée ; le spectacle
dura deux heures, après quoi on
pria les assistans de partager une
charmante collation composée
de mets pour la plupart sucrés
et de vins exquis ; les étrangers y
furent surtout l'objet d'une attention et d'une politesse particulières.

Dans cette maison on tâche
d'apprécier avec justesse le véritable talent de chaque personne
qui compose la communauté,
de sorte que celles qui appar-
tiennent à des classes inférieures,
peuvent s'élever graduellement,
si la nature a été plus libérale

pour elles que la fortune. Il est sorti de là plusieurs musiciennes excellentes ; d'autres ont montré du talent pour le dessin, et le théâtre y a acquis une actrice d'un grand mérite.

Catherine fut la fondatrice de cette noble école, et elle met incontestablement son intelligence et son humanité sous le plus beau jour. Elle a fait élever ensemble le pauvre et le riche, afin qu'ils se rendissent l'un à l'autre des services mutuels, et qu'ils unîssent leurs ressources et leurs talens, sans que, pour cela, leur rang fût confondu.

Chapitre septième.

Différentes classes des habitans de Saint-
Pétersbourg. — Les Thermes. — Le
Knout. — Le grand globe. — Le petit
bateau de Pierre. — Moscow. etc

Frédéric prit beaucoup de plaisir à observer les habitans dans
les rues : ils différaient de tout ce
qu'il avait vu jusque-là , et il
remarqua dans leur extérieur
plus de nationalité que dans celui des personnes d'un rang plus
élevé, qu'il rencontrait dans la
société, car l'éducation tend na-

turellement à détruire toute iné-
galité, les hommes des basses
classes portent de longues bar-
bes même encore aujourd'hui,
malgré les peines que prit Pierre
Ier pour abolir cette coutume, et
les édits barbares qu'il rendit à
ce sujet; la coiffure des femmes
se compose d'un fichu de lin ou
de soie roulé et ressemble beaucoup au turban oriental, plusieurs d'entre elles portent l'ancien
costume moscovite des différentes provinces auxquelles elles
appartienent, costume grotesque
au dernier degré, quelques unes
ont sur la tête une espèce de petit bonnet enrichi de perles, et

les croix d'or qui ornent leur poitrine ne sont point du tout communes , même parmi les classes inférieures, d'autres ont une coiffure en forme de tour qui s'élève de six ou huit pouces audessus du front, et le reste de leur toilette n'est pas moins singulier. En général les Russes sont très-hospitaliers , et pleins de bienveillance; mais il y a dans leur attention un air de servilité qui semble à un Anglais l'effet de leur gouvernement despotique, et qui par conséquent ne s'accorde point avec l'idée qu'il a de la dignité de l'homme.

Les Russes ont une grande habitude de prendre des bains de vapeur d'une chaleur insupportable. Comme Frédéric était décidé à tout voir, et qu'il avait alors assez de force pour tenter l'expérience, il résolut de voir la chose par lui même. On le fit d'abord entrer dans une petite salle pavée, et environnée de tous côtés de poëles allumés, on lui dit de s'asseoir, une vieille femme puisant alors de l'eau froide dans un vase préparé à cet effet, se mit à en arroser le carré chauffé et les poëles, aussitôt il s'éleva de toutes parts une vapeur si chaude qu'elle faillit le suffoquer. Elle prit ensuite de l'eau chaude dans une espèce de bassin, et la lui versa sur tout le corps le frottant en même tems avec une petit bouchon de feuilles et de roseaux. Il est à croire que sa curiosité fut complètement satisfaite ; aussi quand il revint près de son oncle, l'assura-t-il qu'il se souviendrait de cette expérience jusqu'au dernier jour de sa vie, il ne l'acheva pas de la même manière que les Russes ; car il leur arrive fréquemment, en sortant de cet atmosphère brûlant ; de se jeter dans la Néva, de se rouler dans la neige, ou de se faire jeter des seaux d'eau froide sur le corps.

Il ne vient d'autres fruits à Saint-Petersbourg, que des fraises et des framboises, l'été ne durant pas assez longtemps pour mûrir ceux qui croissent plus lentement ; mais les maisons des nobles et des grands officiers de la couronne sont abondamment pourvues d'excellens melons, de pommes, de grenades, qui viennent d'Astracan en vingt-un jours, quoique le trajet soit de plus de cinq cents lieues. Ce vaste empire renferme six royaumes, tous d'une grande étendue, et dont on conserve les couronnes à Moscow. La distance de Saint-Pétersbourg au

Kamschatka est de seize cents soixante lieues; nous voyons cependant l'empereur actuel chercher à l'étendre encore, et à y ajouter la Turquie s'il le pouvait.

Un jour que Frédéric avait été patiner sur la Néva, il trouva à son retour M. Delmar se promenant lentement dans sa chambre et ayant un air très-pâle, ce qui l'alarma beaucoup. Il le pria instamment de lui dire ce qu'il avait.

J'ai satisfait ma curiosité, Fréderic, mais je paie cher ce plaisir; car je sens que je serai malade tout le reste du jour. Toutefois je suis bien aise que vous n'ayez pas été avec moi pour partager mes sensations. asseyez-vous, et je vous dirai qu'elle est la cause du malaise que j'éprouve : en passant ce matin dans la rue, je vis une grande foule rassemblée, et j'appris en interrogeant quelques personnes qu'on allait infliger le châtiment du knout à un criminel convaincu de meurtre. bien que je me sentisse frissonner à l'idée d'un pareil châtiment, j'en avais entendu faire des récits si différents que mon humanité céda au désir d'apprendre au juste ce que c'était. Je me glissai donc à travers la foule asssez prêt de l'exécuteur. Le criminel était nud jusqu'aux hanches, et avait les mains liées derrière le dos, l'exécuteur était armé d'une courroie d'environ trois pouces d'épaisseur, et à chaque coup qu'il donnait il se reculait de deux ou trois pas en arrière pour en redoubler la force. Lorsque j'arrivai, le dos du malheureux quoique déjà meurtri et noirâtre, ne saignait pas encore; mais la chose ne tarda pas à arriver, et ce fut alors un spectacle affreux, que j'aurais donné tout au monde pour pouvoir oublier. Je m'en fus aussi vite que mes jambes tremblantes me le permettaient, bien décidé à ne jamais voir une scène semblable. On m'assura néanmoins que tout terrible que fût ce châtiment, celui qui l'avait subi, n'en conserverait bientôt plus aucune trace, et il est certain qu'il était mérité, puisque le crime était un meurtre aggravé encore par une extrême cruauté.

Je suis bien aise de n'avoir pas été avec vous, mon oncle, car je ne doute pas que ma curiosité ne m'eût également porté à voir ce spectacle bien qu'il m'eût aussi promptement révolté. Comment des militaires peuvent-ils se résoudre à frapper ainsi d'autres militaires , leurs compagnons d'armes , dont ils connaissent la bravoure, et dont ils ont souvent occasionné les fautes ? c'est là une chose que je ne pourrai jamais concevoir.

Ni moi non plus , mon cher Frédéric ; un pareil châtiment est tout-à-fait incompatible avec toutes les idées que nous avons des motifs qui doivent animer les soldats , et qui les animent réellement , comme le prouve l'ardeur héroïque déployée par des particuliers dans une foule d'occasions, où ils ne pourraient être influencés ni par la crainte, ni par l'espérance d'aucun avantage personnel.

Catherine II, à son immortelle gloire, a banni de la Russie toute espèce de torture, excepté celle du knout, qu'on n'inflige jamais que pour les crimes graves et bien constatés ; tandis qu'avant son règne, les tourmens les plus affreux que la cruauté pouvait imaginer, étaient employés pour arracher des aveux aux personnes simplement soupçonnées.

Pierre le Grand les infligea souvent de ses propres mains aux prétendus conspirateurs qui en voulaient à son pouvoir, acte de férocité qui fait frémir. Élisabeth montra plus d'humanité , en abolissant la peine de mort pour toute espèce de crime ; mais on sait que sous son règne, le knout était administré avec tant de sévérité, pour les crimes d'état, que souvent la mort s'en suivait. C'est donc à Catherine qu'est due l'amélioration du code pénal, et nous avons tout lieu de croire , qu'elle aurait aussi aboli le knout, si elle avait osé faire une telle innovation dans le système établi.

Pour chasser de leur esprit ce pénible sujet, ils se procurèrent une voiture, et allèrent voir le palais de Zarsca Zela, éloigné de

Pétersbourg d'environ sept lieues, ils le regardèrent comme le
triomphe le plus complet d'un
goût ignorant et grossier qu'ils
eussent encore vu. Il est très-vas-
te et n'a qu'un seul étage; il a
été bâti par l'impératrice Élisabeth. Toutes les statues, toutes
les sculptures des colonnes, et
beaucoup d'autres parties de la
structure extérieure sont dorées.
Il y a surtout une salle d'une magnificence extraordinaire; les côtés étant entièrement composés
d'ambre, sur lesquels on a dispo-
sé des festons de fleurs. C'est Frédéric le Grand, roi de Prusse,
qui en fit présent à Élisabeth.

Notre jeune ami visita aussi le célèbre Globe, fait sur un modèle de Tycho - Brahé , ce fameux astronome dont on a déjà parlé, et qui fut brûlé par les fanatiques de son siècle. Ce globe comprend onze pieds d'un pôle à l'autre, et il est fait d'une manière admirable. Il y a dans l'intérieur une table entourée de sièges pour douze personnes. Lorsqu'on est dedans, on voit dans la concavité supérieure tous les signes célestes et les constellations ; les étoiles sont marquées selon leur grandeur par des clous d'argent, et les planètes par des clous d'or. C'est un objet très-intéressant, d'une grande beauté, et qui passe pour l'instrument astronomique le plus extraordinaire qui existe.

Ils visitèrent aussi un petit bateau d'une grande célébrité, appelé le Petit - Pierre. Ce fut l'empereur qui le fit de ses propres mains, à son retour de ses voyages, et qui le lança sur la Néva. Cette belle rivière n'en avait jamais vu voguer d'autres sur son sein. On l'a conservé dans un petit bâtiment construit tout exprès, et on le montre aux étrangers, comme le premier effort de la puissance maritime de la Russie. Pour les habitans eux-mêmes , c'est un objet d'une profonde vénération.

Après avoir été présentés à la cour avec toutes les cérémonies d'usage, et avoir vu tout ce qu'il y avait de plus remarquable dans cette ville extraordinaire , nos voyageurs partirent pour Novogorod, capitale de la province de ce nom , grande ville autrefois entourée de remparts et extrêmement forts. Mais Frédéric déclara que la beauté de Saint-Pétersbourg, tout inachevé qu'il fût, l'avait gâté et rendu incapable de juger des autres villes. Lorsqu'ils eurent quitté Novogorod, la campagne leur parut plus agréable que tout ce qu'ils avaient vu jusque là en Russie ; elle était arrosée par de petits ruisseaux, et fort bien cultivée. Le lendemain ils arrivèrent à Smolensk, autre capitale d'une province voisine de la Kréozica, rivière qui se jette dans le Nié-per. Comme il y avait très-peu de choses à voir, ils n'y séjour-nèrent pas long-tems, et se ren-dirent à Moscow, ancienne ca-pitale de ce vaste empire.

Frédéric fut extrêmement frappé de cette capitale extra-ordinaire, qui ne ressemblait à aucune des villes qu'il eût encore vues ; la splendeur des palais et des églises contrastaient avec l'excessive pauvreté des chaumières qui les environnaient ; de sorte qu'il semblait que la plus misérable et la plus riche partie du pays fussent offertes à l'œil de l'étranger sous un seul point de vue.

Il y a aussi dans cette capitale un mélange de la ville et de la campagne, ce qui la distingue de tous les autres endroits populeux ; car les champs et les jardins sont entrecoupés de rues et d'églises, d'où il résulte qu'elle occupe une étendue de terrain très- vaste, et produit le plus bel effet à l'œil ; mais cet avantage est contrebalancé par un grand inconvénient, c'est que, pour la moindre affaire, ou la moindre partie de plaisir, vous êtes obligé de parcourir une distance immense. Moscow ressemble par conséquent à une multitude de villages ornés de palais, plutôt qu'à une ville ; mais elle contient seize cents églises, au moins les contenait-elle avant l'incendie qui la consuma lors de l'invasion de Bonaparte. M. Delmar, qui l'avait déjà visitée deux fois, dit qu'il était surpris de voir comment elle avait été rétablie, et même embellie dans quelques endroits, en rappelant l'aspect qu'elle présentait en 1814. On sait qu'en 1812, les habitans y mirent le feu, pour repousser les Français, qui en avaient pris possession, et qui souffraient d'une manière horrible des rigueurs de l'hiver.

On regardait le Krémelin, ou palais impérial, comme la plus magnifique demeure royale qui fût au monde. Le mot krémelin signifie forteresse, et par conséquent cette partie de la ville contient tous les matériaux nécessaires pour soutenir un siège, et s'élève dans le centre de Moscow, comme un joyau au milieu d'une couronne d'or. Elle renferme aussi un vieux palais impérial, une maison de plaisir et des étables, le palais du patriarche, les colléges publics, l'arsenal, neuf cathédrales, cinq couvents et quatre églises paroissiales. Toutes les églises du Krémelin sont bâties dans le goût gothique, avec de beaux et nombreux clochers, qui sont ou dorés ou couverts en argent. Une seule cathédrale a neuf tours de cuivre, toutes dorées, et renferme un candélabre d'argent qui porte quarante-huit branches, et pèse, dit-on, deux mille huit cents livres.

Avant que les Français s'emparâssent du Krémelin, les églises étaient aussi riches à l'intérieur, que magnifiques dans leurs embellissemens extérieurs ; les bijoux qui couvraient une image de la Vierge, surpassaient de beaucoup ceux de la Vierge de Lorette ; mais la plupart d'entr'elles souffrirent beaucoup de l'incendie, et il se passera bien des années avant qu'elles puissent être parfaitement rétablies. Si un meilleur goût préside à leur restauration, nous devrons à peine regretter cette perte. Au-delà du Krémelin se trouve le cercle appelé Ville Chinoise ; il renferme les maisons de treize nobles , et beaucoup d'édifices publics ; le troisième cercle s'appelle la ville Blanche, parce qu'il est entouré d'une muraille blanche. C'est dans ce cercle que résident les marchands , les boyards et les artisans. Il présente, dans plusieurs endroits, un aspect sale et misérable ; mais il contient onze couvents, sept abbayes , soixante – seize églises paroissiales , et , ce qu'il y a de plus remarquable , un marché où l'on vend des maisons toutes faites. La plupart des maisons de Moscow sont construites en bois, et l'on est devenu si habile à en former la contexture, qu'on peut en acheter une sur ce marché, et la transporter dans une partie quelconque de la ville, où l'on se procure un emplacement ; un jour ou deux suffisent ainsi pour vous établir complétement dans votre nouveau domicile. Comme chaque pièce porte son numéro, il est facile de les assembler promptement ; un charpentier d'une adresse un peu remarquable, a ordinairement quelques maisons de ce genre en magasin, et si l'acheteur trouve le nombre et la grandeur des chambres en rapport avec ses besoins, il n'a d'autre chose à faire qu'à exa-

miner la qualité du bois, et à se
mettre en possession d'un habitation qui devient sa propriété.
C'est ainsi que, dans l'espace de
trois semaines, on construisit un
palais pour la grande Catherine,
à l'époque d'une de ses visites à
Moscow.

Cette ville prend son nom de
la Moskowa, qui l'entoure d'un
côté, dans un espace d'environ
huit lieues. Elle est aussi baignée
par la Néglina, qui coule du sud
au nord.

La magnificence avec laquelle
les anciens nobles russes vivent
à Moscow, est en harmonie avec
l'étendue et la grandeur de leur

ville. Éloignés de la cour, ils ne craignent point l'œil jaloux du pouvoir, et déploient eux-mêmes toute la splendeur des princes. Nos voyageurs dînèrent un jour chez un noble où il y avait une compagnie très-nombreuse, et où tout le service se fit en or massif. Le dessert se composait des fruits les plus exquis des différens pays du monde, et pour couronner le tout, des domestiques apportèrent deux beaux cerisiers couverts de cerises et les placèrent aux deux extrémités de la table. Ces beaux arbres étant plantés dans des cuves magnifiquement décorées, étaient aussi agréables à la vue qu'au palais. Si l'on se rappelle que ces fruits doivent avoir mûri dans des serres, ou venir d'Astracan, on comprendra facilement quelles dépenses prodigieuses coûtait un pareil festin. Le nombre des domestiques employés par les nobles répond parfaitement à tant de magnificence, et Frédéric observa dans cette occasion qu'il y en avait plus de cent dans la salle, tous habillés dans le costume des différents pays où ils étaient nés. Leur ensemble offrait un tableau frappant de cette grandeur féodale, comme autrefois dans

notre pays, lorsqu'un grand réunissait ses domestiques et ses
vassaux autour de lui, devenait
tout-à-coup le chef d'une armée
qui, mangeant son pain et attachée à sa personne, se mettait
en marche pour lui conquérir
de nouvelles possessions, ou
mourir en le défendant.

Les serfs ou vassaux des
boyards russes ont toujours été
si complétement esclaves, qu'on
les achetait ou vendait jadis avec
un domaine, comme on aurait
fait d'une troupe de bétail; mais
la civilisation commence à gagner même ce peuple à demi
barbare, et un grand nombre de

nobles les plus éclairés ont donné la liberté à ces malheureux, à l'exemple de l'empereur Alexandre. En leur permettant de travailler pour eux-mêmes et leur famille, ils leur ont fait connaître le prix de l'industrie, et en leur accordant l'indépendance ils les ont excités à la vertu.

C'est en général la coutume de donner de magnifiques feux d'artifice à la suite d'un festin, et Frédéric en vit souvent de si beaux, qu'ils lui causèrent la plus vive admiration. Lorsque le feu d'artifice avait cessé, une illumination de lampes de diverses couleurs apparaissait tout-

à-coup, comme par enchante-
ment, sous la forme de colonnes
de feu, de guirlandes de fleurs,
le tout renfermé sous un grand
arc de triomphe, décoré d'embellissemens du meilleur goût.

On a long-tems regardé les
Russes comme le peuple qui
avait porté cet art au plus haut
degré de perfection. Lorsque
l'impératrice Catherine vint à la
rencontre de Pierre-le-Grand,
elle fit en sorte que leur entrevue
eût lieu à l'entrée de la nuit, et
revint alors à Saint-Pétersbourg
avec son royal hôte, à travers
une route illuminée de la manière la plus brillante, pendant

que de superbes feux d'artifice partaient d'intervalle en intervalle, de manière à produire l'effet le plus éblouissant. Dans le fait, l'éclairage constant de Pétersbourg est si parfait, qu'un prince Allemand le prit pour une illumination faite en son honneur, et pria les autorités de la ville de ne pas recommencer une pareille dépense à cause de lui.

Malgré les poëles et les tapis qui rendaient l'intérieur des maisons supportable, le froid devint si vif dans l'espace de quelques semaines, qu'avec toute sa grandeur, et tout le plaisir

que leur causait l'hospitalité de
ses habitans, Moscow n'était plus
pour nos voyageurs une résidence agréable. Ayant un jour
fait la rencontre de deux *gentle-*
men, qui comme eux, se rendaient à Kœnigsberg, ils convinrent de partir ensemble,
après avoir commandé des chevaux à tous les endroits où ils
avaient l'intention de s'arrêter.

Les voitures sur lesquelles ils
firent ce trajet, ressemblaient à
un berceau placé sur des roues;
elles sont peu élevées, et traînées
tantôt par un seul cheval, tantôt par deux, ou même trois,
selon la longueur des relais. Cha-

que personne a une voiture sé-
parée, de manière qu'avec leurs
amis et leurs domestiques, nos
voyageurs présentaient une apparence formidable, et quelquefois très-pittoresque. Il leur fallut de nouveau traverser de vastes forêts, et les immenses plai-
nes blanches, qui s'étendent
devant Smolensk. La mère de
Frédéric aurait eu de la peine à
le reconnaître si elle l'avait vu
habillé à la russe pour cette nouvelle expédition. Outre ses habits ordinaires, il avait un énorme manteau, fait avec un drap
du pays, qui ressemble à une
couverture de laine; sur ce man-

teau était une mante garnie de fourrure ; il avait une paire de bottes de peau de mouton, avec la laine à l'intérieur, qui lui montait jusqu'aux genoux ; d'énormes gants fourrés ; un bonnet de flanelle ouatté, recouvert d'un autre fait de peau d'ours fourré à l'intérieur. Ainsi équipé, il croyait pouvoir défier le froid ; mais il s'apperçut bientôt que son nez n'était pas couvert, et qu'il était exposé à perdre cet utile accessoire, comme il en avait vu plusieurs exemples à Saint-Pétersbourg et à Moscow. Pour prévenir ce malheur, il se couvrit la figure d'un mouchoir de soie, mais comme la vapeur de son haleine se glaçait continuellement sur la soie, il trouva qu'il lui serait difficile de le garder.

Pendant l'hiver le costume des paysans, hommes et femmes, se compose d'abord des bottes de peau de mouton adoptées par Frédéric, sur lesquelles ils mettent une étoffe grossière attachée à leur corps par une baguette de saule; puis ils ont, pour serrer leurs manteaux autour de leurs reins, des ceintures faites de diverses matières, et portent des gants de cuir très-chauds, article nécessaire pour eux, mais non pas fort élégant; ces gants couvrent toute la main excepté le pouce; leur tête est toujours enveloppée d'un bonnet fourré, qui est formé de manière à protéger entièrement le cou et les oreilles. Faute d'avoir adopté à temps cette indispensable partie du costume, M. Delmar faillit perdre son oreille droite avant de quitter Moscow. Un jour il parcourait la ville la tête seulement couverte de son chapeau anglais, lorsqu'un Suédois, qui passait à côté de lui, s'apperçut que son oreille était gélée, et l'en avertit sur le champ. M. Delmar fut excessivement effrayé; mais le

Suédois lui promit qu'il n'en serait rien, parce que le mal était
pris à temps, en même temps il
se mit à frotter la partie affectée
avec de la neige, assurant qu'a-
vec l'eau froide, c'était le meilleur
moyen qu'on pût employer,
tandis qu'il était très-dangereux
d'approcher du feu, ou de re-
courir à l'eau chaude. L'événement vérifia cette prédiction et
en moins d'une demi-heure, M.
Delmar, à son grand soulagement, sentit que son oreille était
parfaitement guérie.

Au sortir de Smolensk, ils entrèrent dans la Lithuanie, laissant la Dwina au nord, et après

avoir éprouvé quelque difficulté à se procurer des chevaux, ils arrivèrent enfin à Novogorod, où ils s'arrêtèrent un jour.

Le lendemain ils continuèrent leur route et couchèrent la nuit suivante à un village très-considérable, où ils remarquèrent une pauvreté et une misère dont ils n'avaient pas encore vu d'image; quelques femmes hâves et décharnées faisaient bouillir des citrouilles pour leur souper, c'est presque le seul genre de nourriture qu'elles possèdent. Ces pauvres créatures n'avaient d'autre coiffure que leur chevelure noire, tressée et malpropre;

leurs jupons leur descendaient à peine jusqu'aux genoux ; elles avaient les yeux enfoncés et le dos courbé à l'excès ; on eût dit en un mot l'original d'une de ces caricatures de vieille crocheteuse, qui amusent si souvent les gobe-mouches de Londres.

En arrivant le lendemain à Kœnigsberg, ils subirent un examen très-sévère de la part des officiers des douanes ; on visita jusqu'aux habillemens qu'ils avaient sur eux, après cette désagréable cérémonie, ils louèrent un logement commode et oublièrent bientôt leurs fatigues.

Ils trouvèrent que cette ancienne capitale de la Prusse n'est ni élégante ni étendue, lorsqu'on la compare à d'autres, et ils ne s'étonnèrent pas que Frédéric lui eût préféré Berlin : les palais et l'académie leur offrirent peu d'interêt, à l'exception d'un monument curieux qu'on conserve avec soin dans la bibliothèque de celle-ci, c'est l'original *de la Conduite pour arriver au salut,* donné par Charles – Quint à Martin Luther, en 1521.

Le port et la citadelle sont les seuls objets qui recommandent le plus la ville de Kœnigsberg, située sur la Prégel, dont l'embouchure est à dix lieues de la ville;

elle fut bâtie en 1255, par un roi de la Bohème, dont elle formait alors une province.

La Prusse posséde des manufactures de glaces, de fer, de papier, de poudre, de cuivre et d'airain, ainsi que de draps, de toile, de soie, de galons d'or et d'argent et plusieurs autres objets. Les habitans exportent beaucoup d'ambre, de graine de lin, ou de chanvre, de gruau d'avoine, de poisson, de suif, de grééments de vaisseaux, et de caviar ; ce dernier article est d'un goût si délicat qu'on le regarde comme un présent digne des rois ; il est fait avec des œufs d'esturgeon, et d'un autre poisson appelé beloga.

L'armée prussienne, dit M. Delmar, a été regardée pendant long-tems comme la chose laplus remarquable de ce pays ; sous Frédéric le Grand, elle atteignit un degré de force, de discipline et de bravoure, que nulle autre n'égalait.

Je ne crois pas que la dernière partie de cet éloge soit bien mé-ritée, repondit Frédéric ; car j'ai entendu dire que ces soldats étaient des esclaves, de simples machines dans tout ce qu'ils fai-saient, et je ne saurais me per-suader que les actions, d'une au-tomate, quelque parfaite qu'elle soit, égalent en bravoure celle d'un homme fier et courageux qui, dans tous ses efforts, est animé par un noble but.

Je partage votre opinion, mon ami, néamoins j'accorde volontiers aux automates humains de Frédéric les éloges qu'ils méritent; ils se battaient bien, mais depuis cette époque, la guerre s'est faite sur une bien plus grande échelle, et avec des résultats bien plus décisifs. Les guerres de Bonaparte, ses immenses levées de conscrits, la bravoure de sa vieille garde, et les exploits prodigieux dont il a étonné l'Europe, laissent bien loin derrière eux toute la gloire de Frédéric.

Sans doute, c'était un génie bien extraordinaire que Bonaparte, quelles innombrables victoires, quelle puissance et quelle fin malheureuse! A qui pourrait-on le comparer dans l'histoire?

Je ne pense pas, mon ami, qu'on trouve dans le passé un individu capable de soutenir la comparaison. Mais laissons-là ce vaillant et trop ambitieux capitaine, et occupons-nous un peu de la Prusse.

—Volontiers, mon oncle, dites-moi quelque chose de son histoire.

—Comme toutes les autres annales, celles de la Prusse sont mêlées de fables. Les premiers habitans paraissent avoir été d'un caractère brave et belliqueux, et avoir repoussé avec énergie les nations voisines, qui sous prétexte de les convertir au christianisme, cherchaient à les réduire en esclavage. Ils opposèrent une noble résistance aux rois de Pologne, dont l'un nommé Boleslas, fut défait et tué par eux en 1163. Ils continuèrent ainsi à vivre dans le paganisme, jusqu'au temps des croisades, où les chevaliers Allemands de l'ordre Teutonique entreprirent de

les convertir à la pointe de l'épée,
sous la condition qu'on leur don-
nerait pour récompense, la propriété du pays lorsqu'il serait
conquis.

Il s'en suivit une longue série
de guerres, dans lesquelles ces
chevaliers religieux extermi-
nèrent presque tous les habitans,
et peuplèrent le pays d'Allemands, après y avoir exercé la
plus affreuse barbarie. A la suite
de ces massacres révoltans, un
traité de paix fut conclu entre
Casimir, roi de Pologne, et trois
chevaliers Teutoniques, en 1466.
Il fut convenu, par ce traité,
que la partie appelée aujour-

d'hui Prusse-Polonaise, conti-
nuerait à être une province in-
dépendante, sous la protection
du roi, et que les chevaliers et
leur grand-maître posséderaient
les autres parties, mais en se re-
connaissant vassaux du roi.

—Je m'étonne que ces fiers
soldats de fortune se soient sou-
mis à reconnaître un souverain,
mon oncle.

—De nouvelles guerres s'élevèrent bientôt, et les chevaliers
tentèrent, mais sans succès, de
secouer le joug de la Pologne.
En 1525, Albert, margrave de
Brandbourg, et dernier grand
maître de l'Ordre Teutonique,

conclut une paix à Cracovie, par laquelle il reconnaissait pour suzerain le duc de la Prusse orientale, appelée depuis Prusse ducale. Ainsi finit la souveraineté des chevaliers, après avoir duré près de trois cents ans. En 1657, l'électeur Frédéric - Guillaume de Brandebourg, surnommé le Grand, se fit confirmer la possession de la Prusse ducale, dont lui et ses descendans furent déclarés les souverains à perpétuité.

Comme la religion protestante avait été introduite en Prusse par le Margrave Albert, les partisans de cette religion favorisèrent tellement ses successeurs, que Frédéric, fils de Frédéric-Guillaume le Grand, fut élevé à la dignité de roi de Prusse, dans une assemblée solennelle des états de l'empire, et bientôt après reconnu comme tel par tous les rois de la chrétienté. Son petit fils, le grand Frédéric, a écrit les mémoires de sa famille, en les lisant on se sent porté à croire que le souverain qui obtint cette dignité, n'était pas un homme de beaucoup de talent, mais que son fils en avait de très-grands, ce que prouvèrent en effet les succès qu'il obtint dans la suite. La Margrave de Bareith, sœur du royal historien, a aussi écrit les mémoires de sa vie, qui n'ont été publiés que depuis peu. D'après elle, ce prince, quoique assez bon roi, était insupportable comme mari, comme père et comme maître. Sa conduite dans la vie privée paraît si odieuse, que tous les jeunes gens devraient lire cet ouvrage, ce me semble, pour voir à qu'elles souffrances les enfans des rois sont sujets dans les palais, même pendant les tems de prospérité.

—Frédéric a bien fait cependant de dissimuler ces défauts dans son père, n'est-ce pas, mon oncle?

—Sans doute, et cela était très-

généreux de sa part, car il avait
été pour lui un père cruel. A sa
mort, ce monarque impitoyable
laissa une somme de sept millions dans ses trésors, et eut pour
successeur ce Frédéric qui rem-
plit le monde de sa renommée,
et dont l'histoire est liée à tous
les grands événemens de cette
époque. Il était grand général,
encore plus grand politique,
poète et philosophe, il suppor-
tait l'adversité avec une fermeté
inébranlable, et ne se laissait jamais détourner de son dessein
par la victoire; il étendit son royaume au-delà de ses espérances,
et fixa sa cour à Berlin, qui est

aujourd'hui la capitale de la Prusse. Comme il n'avait pas d'enfant, son neveu monta sur le trône après lui, et c'est le fils de ce neveu qui l'occupe maintenant. Je n'ai pas besoin de vous dire que la Prusse eut sa bonne part dans les maux occasionnés par les guerres de Bonaparte. La feue reine, qui était une des femmes les plus belles et les plus accomplies qui aient jamais brillé sur un trône, succomba à ses chagrins, et mourut à la fleur de l'âge. Le roi fut vaincu et détrôné plusieurs fois par Bonaparte, et ne fut rétabli qu'en 1813, par suite de la désastreuse campagne de Moscow, où les Français perdirent tant de monde.

Je vous remercie, mon cher oncle, de m'avoir ainsi fait connaître la Prusse et les différens changemens qu'elle a subis, ce qui ajoutera beaucoup à mon plaisir, ce sera de voir les endroits les plus remarquables du pays, et principalement ceux qui ont des rapports avec ces belliqueux chevaliers, qui semblent s'être répandus sur la terre comme des plantes nuisibles, quoique vigoureuses, et avoir ensuite si complétement disparu, qu'ils n'ont pas laissé le moindre vestige derrière eux, si ce n'est dans les livres et les édifices.

Chapitre huitième.

Copernic.—Les chevaliers de l'ordre Teutonique.—Marienbourg.--Dantzig. —Le faux miracle.—Zell.—La reine Mathilde.

En quittant Kœnigsberg nos voyageurs se rendirent à Frawenberg; aussitôt qu'ils furent arrivés, ils allèrent visiter la cathédrale, afin de voir le tombeau du célèbre Copernic. Ils furent vivement contrariés lorsqu'ils apprirent qu'il n'avait pas été enterré dans cette ville, comme on le leur avait dit, mais à Thorn, lieu de sa naissance.

Ils eurent néanmoins le plaisir de voir un appartement qui lui avait appartenu, et où les chanoines résidens de la cathédrale sont encore pourvus d'eau par une machine de son invention. Cette machine tire l'eau d'une vallée assez profonde, et la distribue dans toutes les parties de la maison.

C'est ce grand philosophe qui posa le fondement de ce système planétaire aujourd'hui universellement adopté, et qu'on appelle le système de Copernic.

Mais il fut tellement effrayé de l'opposition qui se déchaîna contre lui, qu'il attendit plus de trente ans avant de publier son ouvrage. Lorsqu'enfin il se laissa gagner par l'importunité de ses amis, et consentit à le mettre au jour, ses émotions furent si vives en en recevant le premier exemplaire, qu'il fut saisi d'une violente hémorragie, et expira en 1543.

De Frawenberg ils allèrent à Elbing, ville située sur une petite rivière qui se jette dans la mer à environ trois lieues plus bas, mais qui ne reçoit que de petits vaisseaux, Gisleau servant

également comme port de Kœnigsberg et d'Elbing.

Les chevaliers Teutoniques
commandèrent en maîtres pendant nombre d'années dans cette
ville, dit M. Delmar, mais en
1450 les habitans sécouèrent le
joug, et devinrent commerçans,
riches et puissans, jusqu'à l'époque où la ville fut prise par Gustave-Adolphe, roi de Suède, à la
mort duquel ils recouvrèrent
leur liberté.

L'architecture des maisons les
frappa et leur parut la plus singulière qu'ils eûssent encore vue,
toutes se terminaient en pointe,
et les étages supérieurs ne ser-

vaient que comme greniers ou
magasins. On leur permit, comme une grande faveur , de voir
un trésor qu'on a découvert il y
a quarante ou cinquante ans, et
qui attira alors l'attention de
toute l'Europe. Il consiste en
ornemens d'argent , portés par
les prêtres pendant le service
divin ; leur plus grand prix est
dans la main-d'œuvre , qui est
d'une perfection rare ; la valeur
intrinsèque n'excéde pas cent
mille francs. La même salle renfermait plusieurs épées qui a-
vaient appartenu aux chevaliers
Teutoniques. Frédéric fut étonné de leur poids et de leur lon-

gueur, et pensa qu'il fallait que les hommes qui les maniaient fûssent bien plus forts que ceux d'aujourd'hui. Ce qui les a fait conserver avec soin, c'est que probablement elles appartenaient à des hommes d'une taille extra-ordinaire, car dans tous les tems et dans tous les lieux, la forme humaine , à peu d'exceptions près, a la même grandeur.

D'Elbing , ils gagnèrent Marienbourg. Ils trouvèrent dans son magnifique château., un objet d'examen plus intéressant que tout ce qu'ils avaient vu jusque-là, depuis le commencement de leur voyage. Il passe pour un des monumens les plus vastes et les plus parfaits de l'architecture gothique , et donne une idée extraordinaire de la richesse, du pouvoir , et du goût de l'ordre qui a pu l'élever.

Le château de Marienbourg consiste en trois bâtimens détachés, dont le premier et le plus ancien a été tellement changé et mutilé par le roi de Prusse, qu'il n'en reste guère que la chapelle. Dans cette chapelle reposent les os de plusieurs des grands maîtres de l'Ordre Teutonique, sur lesquels nos jeunes lecteurs seront peut - être bien aises , comme Frédéric, d'avoir quel-

ques renseignemens. Pour satisfaire le désir de son neveu , M.
Delmar lui dit ce qui suit : —
Vous avez vu dans l'histoire de
l'Angleterre , qu'un homme appelé Pierre l'hermite, à son retour
de Jérusalem , se mit à raconter
les maux soufferts par les péle-
rins chrétiens qui allaient visiter
le tombeau de notre Sauveur,
et prêcha avec tant de succès ,
qu'il souleva toute l'Europe et
la décida à marcher au secours
des fidèles opprimés. Vous vous
rappelez sans doute, que Robert
de Normandie, fils de Guillaume
le conquérant fit partie de la
première croisade , et Richard

Cœur-de-lion de la seconde etc.
Le pape règnant qui prit l'affaire
à cœur, institua des chevaliers
destinés à renforcer les armées
chrétiennes. Ils étaient au nombre de quarante, et s'appelaient
Chevaliers du Temple, ou Chevaliers de Saint-Jean de Jérusalem, ou Chevaliers Teutoniques.
Un seigneur Allemand, appelé
Valpot, fut choisi pour leur chef,
sous le titre de Grand Maître; ils
portaient aux guerres d'orient le
signe de la paix et de la con-
corde, une croix qu'ils atta-
chaient sur leur poitrine. Ces
chevaliers étaient pris parmi des
familles puissantes; quelques uns

d'entre eux étaient des hommes qui, après avoir dépensé toute leur fortune, cherchaient à reconquérir, dans des guerres étrangères, cette importance qu'on refusait à leur grandeur déchue; d'autres étaient riches, et s'engageaient, par des motifs de conscience, à consacrer leurs richesses à l'accomplissement des vues de l'église; tous étaient tenus, par leurs vœux, de poursuivre le même but, et de faire à jamais un corps distinct, à la fois militaire et monastique, dévoué au succès d'une pieuse cause, mais qui ne devait pas, selon toute probabilité, conserver long – tems ce caractère de chasteté et de religion.

Après que ces chevaliers eurent épuisé leurs moyens d'existence en Asie, ils revinrent en Europe, sans autre fortune que leurs épées et leurs noms. Le Pape Grégoire ne savait trop que faire d'un corps semblable et de leurs nombreux compagnons, dont l'unique affaire était la guerre, et l'unique moyen d'existence le pillage, se rappelant toutefois que cette partie septentrionale de l'Europe était encore rébelle à l'Église, et professait ouvertement la religion scandinave, il autorisa les chevaliers à s'en em-

parer, et à propager leur religion partout où ils pourraient.

Conrad, duc de Moscovie,
était alors à leur tête; il entra
dans la Prusse avec son armée,
et chassant tous les habitans qui
ne voulaient pas se laisser bap-
tiser, il parvint à s'établir sur
les bords de la Nogat, et commença à bâtir le château de Marienbourg en 1281. Ils devinrent alors excessivement puissans, soumirent la Samogitie,
la Courlande, la Livonie, et firent la guerre à la Pologne. En
1461, Marienbourg fut assiégé
et pris par l'armée Polonaise, ils
s'y rétablirent, mais à dater de

cette époque leur pouvoir dimi-
nua tous les jours. Ils devinrent
dissolus dans leurs mœurs, ty-
ranniques dans leur gouvernement, et odieux aux souverains
de l'Europe par leurs empiéte-
mens sur la monarchie, et leur
affectation du pouvoir despotique. En 1524, ils furent chassés
de la Prusse, et leur souveraineté abolie; tous les pays les per-
sécutèrent, et l'ordre ne tarda
pas à s'éteindre pour toujours.

—Mais il me semble, mon
cher oncle, que la vengeance
surpassa les torts.

—Vous avez raison, mon ami;
mais les préjugés étaient extrê-

mement soulevés contre eux, et
plusieurs furent incontestablement sacrifiés à un esprit de vengeance; en France, ils furent
cruellement persécutés, et il en
mourut un grand nombre dans
les prisons et sur l'échafaud; en
Angleterre, ils disparurent peu-
à-peu ; etc.

—Est-ce que nous en avions
en Angleterre, mon oncle?

—Oui, mon ami, beaucoup,
comme le prouvent les noms des
endroits qu'ils ont habités. L'é-
glise du Temple à Londres fut
bâtie par eux; et ils habitaient
cette partie de la ville appelée
aussi le Temple, qui est compo-

sée de plusieurs rues, et renferme de fort beaux jardins sur la
Tamise. Vous savez que c'est aujourd'hui le quartier des hommes
de loi. Vous rappelez-vous M. A.,
notre ami, d'*Inner Temple*, et
M. H. de *Middle Temple?*

— Oui, je me le rappelle parfaitement; .mais je m'imaginais
peu qu'ils demeurâssent dans le
même endroit où avaient vécu
des soldats croisés; que les sacs à
maroquin vert eussent remplacé
le sac du militaire, et que le
même bâtiment qui avait retenti
du hennissement des coursiers,
·et du son de la trompette, fut
l'arène des innocens combats

des plumes et des parchemins.

—C'est cependant la vérité, Frédéric, et dans l'église dont je viens de vous parler, vous pourriez voir cinq chevaliers en pierre, appuyés sur leur lance, avec les insignes de leur ordre sur les épaules, et une croix sur les jambes, symboles auxquels vous pouvez les reconnaître dans toutes les églises de la chrétienté; mais je dois ajouter que ce même symbole était porté par tous ceux qui servaient dans les guerres sacrées, chevaliers ou non. De plus, les chevaliers de Malte avaient les mêmes insignes, et furent les derniers restes de l'ordre; ils survècurent à toutes les autres branches plus de cinq cents ans.

Lorsque Frédéric eut reçu cette explication, il recommença à examiner le château avec un nouvel intérêt, regardant tout autour de lui avec tant d'attention, qu'on eût dit qu'il s'attendait à voir un chevalier Teutonique sortir du tombeau, ou se promener à travers les cloîtres. Ils apperçurent à l'extrémité occidentale de la chapelle, une statue en bois de la Vierge tenant l'enfant Jésus dans ses bras; elle a douze pieds de haut, et n'est pas mal exécutée. Comme elle a

peu souffert des injures du tems,
pendant un laps de tant de siècles
c'est réellement un objet intéressant. Un des Grands-Maîtres éleva cette statue, lorsque le château fut achevé, et la Sainte
Vierge étant regardée comme la
patronne de l'ordre, on appela
la ville Marienbourg.

La seconde partie du château
est bâtie sur un plan très-diffé
rent. La magnificence est son
trait distinctif, et il se compose
d'un grand nombre de salles très
élégantes, tant publiques que
particulières. Il y a une chambre du conseil et un réfectoire
superbe, entouré de plusieurs

chambres de moindres dimen-
sions, mais finies avec la même
élégance. Un fossé règne tout-
autour de cette partie du château, mais il n'est ni si large, ni
si profond que le premier.

La troisième partie occupe un
plus vaste espace de terrein que
l'une ou l'autre· des deux premiers, et elle fut évidemment
destinée aux chevaux des chevaliers et aux domestiques; elle est
aussi environnée d'un fossé et
d'une haute muraille flanquée
de tourelles. Frédéric monta, en
se traînant, un mauvais escalier
qui conduit à une tour servant
comme de clocher à la chapelle

Il eut alors la vue la plus magnifique ; à l'est s'étendait Elbing, à l'ouest Dantzig, plus bas, la riche vallée arrosée par la Vistule et la Nogat, et le tout était terminé par la Baltique.

La ville de Marienbourg elle-même ne renferme rien d'extraordinaire ; elle était autrefois la capitale d'une confédération qui comprenait vingt-sept petites villes, situées dans la Prusse-Polonaise ; mais elle partage aujourd'hui le destin d'Elbing, et ne doit probablement jamais relever la tête.

De cette ville ils se rendirent à Dantzig, en traversant un pays

riche et bien cultivé. Ils passèrent la Vistule à Dinschaw, jolie
petite ville, où l'on jouit de la vue
de la belle campagne qui l'envi-
ronne. La ville de Dantzig leur
parut supérieure à Kœnigsberg,
mais sans élégance ni grandeur,
quoique les maisons y soient élevées et construites dans un style
antique. Les rues sont bordées
de chaque côté de beaux arbres
qui, pendant l'été, donnent un
ombrage fort agréable. Ils examinèrent la bourse, bâtiment
qui n'est remarquable que par
son antiquité, et on leur montra
dans l'arsenal une quantité prodigieuse de voiles, de cables, de

mâts, etc., le tout conservé dans l'ordre le plus parfait possible. Le guide leur fit voir une espèce de mousqueton pesant environ soixante-huit livres, et leur assura qu'Auguste II l'avait tiré de sa propre main. Dans une petite pièce de l'arsenal se trouve un beau monument érigé par Sigismond, roi de Suède, à la mémoire de son père Jean III ; c'est l'ouvrage d'un sculpteur italien, et l'exécution en est parfaite. Frédéric, tout en l'admirant, s'écria : et ce monument est donc consacré au même prince qui était frère du roi Éric, et qui le traita avec tant de cruauté ?

— Oui, mon ami, au même, et nous en devons conclure qu'il était bon père, quoiqu'il fût mauvais frère. Mais c'est dommage qu'un si beau monument ait été consacré à son nom, puisqu'il rappelle aussi inévitablement le souvenir de ses crimes !

Ils ne virent rien autre chose de remarquable, si ce n'est un vaste pilier de la grande église, qui est creux à l'intérieur. On suppose que c'est dans cet endroit que se cachaient autrefois les ecclésiastiques convaincus de crimes graves. Frédéric l'examina avec attention ; il a environ quarante pieds de profondeur, et sept de circonférence. On aperçoit dans le fond quelque chose de blanc , qu'on suppose être des os ; mais personne ne le sait, parce qu'on n'ose y descendre, bien que la chose soit très-facile au moyen d'une corde. Notre jeune ami offrit lui-même de tenter l'entreprise, mais on ne voulut pas le lui permettre.

Comme M. Delmar avait des affaires dans cette ville, ils y restèrent pendant quelques jours , et firent plusieurs excursions à cheval dans les environs. Un des objets qui les frappa le plus, fut l'abbaye d'Oliva, à environ deux lieues de la ville. Sabislas , duc de Poméranie, la fonda en 1170, et la consacra à la Sainte et indivisible Trinité, à la Bienheureuse Vierge, et à Saint Bernard. Depuis cette époque, l'église et le couvent n'ont pas été rebâtis moins de dix fois. Les chevaliers Teutoniques, les Polonais, les Hussites l'ont ravagée tour-à-tour. En 1577, les Danois la rasèrent, et c'est Joseph-Étienne Bato qui l'a reconstruite telle qu'elle est maintenant. Il y a dans une des salles un monument en marbre noir, sur lequel on a gravé une inscription rappelant une paix qui y fut conclue entre l'empereur Léopold et Jean-

Casimir , roi de Pologne d'un côté, et Charles-Gustave, roi de Suède de l'autre. Celui-ci mourut pendant la ratification.

Un moine leur montra un pain qu'il leur dit avoir été miraculeusement changé en pierre. La narration du fait est écrite en latin, en allemand et en polonais, et datée de 1617. Quelques soldats de Gustave-Adolphe voulant porter des mains sacrilèges sur ce pain consacré, dans l'intention de le manger, le virent changer en pierre à leurs yeux. Nos voyageurs l'examinèrent avec beaucoup d'attention, et trouvèrent qu'il avait à-peu-près la forme et l'épaisseur d'un écu de six francs. L'un des côtés avait une assez grande échancrure, et le moine leur dit, qu'elle avait été faite par le pouce du soldat qui le saisit. M. Delmar fit observer, qu'il avait vu beaucoup de pétrifications, qui auraient pu tromper un homme moins affamé que ce pauvre soldat, et il resta convaincu, qu'un pareil accident n'avait été changé en miracle, que par un esprit de secte; le soldat qui prit cette pierre était Luthérien. On la conserve dans un vase d'argent, et les moines y attachent une valeur inestimable.

Lorsque les grands souverains du nord se jettèrent comme des vautours sur la Pologne, un grand nombre de nobles de ce malheureux pays, s'enfuirent à Dantzig et s'y établirent, comme ils purent, avec les débris de leur fortune. On y trouve encore beaucoup de leurs descendans, bien que le malheur les ait dispersés depuis dans différens pays, il est impossible de songer aux souffrances qu'éprouvèrent les nobles Polonais et Stanislas leur vertueux monarque, sans être indigné contre les injustes souverains qui se partagèrent ce pays. D'un autre côté, le sort du

peuple en général y était si déplo-
rable, les grands le tenaient dans
un tel esclavage, qu'il ne pouvait que gagner au changement.
Il n'y eut jamais d'état civilisé,
où les lois aient établi une diffé-
rence plus injuste et plus barbare
entre l'homme et l'homme.

L'origine de Dantzig, ville si
long-tems renommée par sa liberté et son commerce, ne doit
pas être passée sous silence. Elle
fut fondée par une colonie de
Danois, comme son nom même
l'indique, vers l'an 5o. On dit
que la colonie demanda au roi
de Pologne, autant de terre
qu'elle en pourrait circonscrire

en se donnant les mains, et que le cercle qu'elle forma par ce moyen, comprit environ une lieue, étendue de l'ancienne ville. Plus tard, tourmentée par ses voisins, elle appela à son secours les chevaliers Teutoniques, qui l'aidèrent à repousser les Allemands, mais la soumirent à leur propre gouvernement, chose qui arrive souvent aux états qui dépendent de leurs alliés. En 1456, cette ville, s'étant unie avec Elbing et Marienbourg, secoua le joug des chevaliers, et toutes les trois devinrent des cités indépendantes, sous la protection de la Pologne. Lorsque ce pays devint à son tour la proie de ses rapaces voisins, ces villes partagèrent en grande partie son destin. Cependant elles jouissent encore de grands privilèges , surtout Dantzig, et ont au moins la satisfaction de se croire libres.

En quittant Dantzig , le premier objet qui frappa Frédéric, fut les traces d'un camp immense près de Tulna ; ce camp fut autrefois occupé par Charles XII , roi de Suède , nom redoutable dans cette partie de l'Europe , mais que le nom de Bonaparte , plus terrible encore , a un peu fait oublier. Ils couchèrent la première nuit à Mewa , et le

lendemain ils visitèrent le couvent de Pipléen. C'était un des
plus beaux édifices gothiques
qu'ils eussent vus, et renfermait
une immense quantité de vases
d'or et d'argent , d'un travail
barbare , mais magnifique.

De là ils allèrent à Konitz ,
jolie petite ville, qui était autrefois fortifiée. Le jour suivant ils
eurent une nouvelle occasion de
juger de l'ancienne puissance des
chevaliers de l'Ordre Teutonique , en examinant le château
de Schlokaw, qu'ils bâtirent aux
jours de leur prospérité, et qui
ne le céde qu'à celui de Marienbourg. La chapelle, les apparte-

mens souterrains, et une tour octogone très-élevée, sont dans un état de conservation fort satisfaisant, et peuvent durer encore des siècles. La princesse Radzivil fit réparer une magnifique suite d'appartemens; mais ils tombent maintenant en décadence comme le reste.

Ils furent enchantés d'un ecclésiastique du voisinage qui les accompagna dans leur visite au château. C'était un homme plein de jugement, de politesse, et qui s'entretenait avec M. Delmar en très-bon latin, langue que beaucoup de Polonais comprennent et parlent couramment. À son grand étonnement, Frédéric entendit parler cette langue non seulement au maître de leur auberge, mais encore à un pauvre qui leur demanda l'aumône, dans la rue, en latin très-pur. Notre jeune ami ressentit une joie extrême de trouver que la connaissance qu'il avait de cette belle langue, lui fût si utile.

Le château de Schlokaw fut pris par les rois de Pologne, dans le quinzième siècle, lorsque le pouvoir des chevaliers Teutoniques commença à décliner, et donné à André Gorsley, à la condition d'accourir avec ses vassaux armés, toutes les fois qu'il serait mandé pour le service du roi. C'est à cette même condition que la plupart des grands possédaient leurs domaines sous le système féodal.

Les Radzivil entrèrent en possession du château en 1775; douze hussards Prussiens en chassèrent la garnison Polonaise composée de cinquante hommes et le joignirent aux conquêtes de la Prusse. En sortant, Frédéric dit à son oncle : —Je ne puis quitter ce vénérable édifice sans faire une remarque sur le prodigieux pouvoir des chevaliers de l'ordre Teutonique qui, après avoir été chassés de la Syrie, fondèrent, sur les bords de la Baltique, un empire qu'ils surent maintenir pendant des siécles dans un état de grandeur et de gloire étonnant, sans aucun appui de la part des rois voisins.

—C'était en effet une espèce de gouvernement très-remarquable, répondit son oncle; mais s'il a duré si long-tems, ils le durent principalement à quelques hommes d'un grand mérite qui s'associèrent à leur ordre. On ne peut douter qu'il n'y eût dans la masse quelques hommes vertueux et doués de grands talens; mais l'ordre en général était tyrannique et envahissant; c'était une espèce de réunion de bandits d'un rang élevé, qui se servaient de la religion comme d'un manteau pour couvrir l'injustice et l'oppression.

—C'est vrai; mais lorsque je serai de retour en Angleterre, j'irai visiter les endroits qu'ils ont habités, pour voir, si j'y trouverai quelques traces de leur séjour.

Ils se rendirent ensuite à Frodlant, et de là à Gastrow, à travers un pays aride et pauvre. Ils eurent beaucoup à souffrir sur la route, car les auberges étaient extrêmement mauvaises. Arrivés à Stargard en Poméranie, ils trouvèrent enfin un logement commode et décent. Mais tout ce qu'ils avaient enduré jusque là, n'était rien en comparaison de ce qu'ils souffrirent pour gagner Stettin. La route traversant des sables profonds, ou des terrains fangeux, est très-fatigante et souvent très-dangereuse.

La ville de Stettin elle-même leur plut beaucoup; il y régnait une grande activité; elle a de bons quais, deux belles églises, et présente en général l'image de l'industrie et du bien-être. De-là ils se rendirent à Pains-low, grande ville située sur un lac, et y couchèrent. Le lendemain ils arrivèrent à Mecklenbourg-Strelitz, lieu de naissance de la reine Charlotte, mère de notre roi actuel, et une des femmes les meilleures et les plus remarquables qui se soient assises sur un trône.

M. Delmar, qui honorait la mémoire de la reine, alla le lendemain voir le palais où elle était née, à Mirow, petite ville sur la frontière du duché, et il trouva que cet édifice était d'une belle architecture. Ils atteignirent bientôt les bords de l'Elbe, fleuve qui a déjà une grande étendue, quoiqu'il soit encore loin de la mer. Il sépare dans cet endroit le marquisat de Brandebourg du duché de Luxembourg.

Le lendemain matin ils partirent, avec la résolution d'aller coucher le soir à Zell; mais ils reconnurent bientôt qu'on ne fait pas aussi rapidement un trajet de vingt lieues, dans ce pays, qu'en Angleterre, où les diligences sont si bien servies. Ils n'arrivèrent que l'après midi du jour suivant.

Le premier objet qui attira leur attention, fut le château, vaste et sombre bâtiment, entouré d'un fossé, à la vue du quel M. Delmar poussa un profond soupir, et rappela à l'esprit de Frédéric une circonstance qui parut l'affecter vivement.

—Et ce fut donc dans ce vieux et triste château que vécut et mourut la jeune et belle Matilde reine de Danemarck, demanda celui-ci?

—Oui, mon ami; c'est ici que vécut dans le printems de la vie, une princesse jeune, belle et pleine de vivacité, loin de la cour dont elle était l'ornement, et de l'enfant qu'elle idolâtrait; c'est dans ces murs qu'elle resta ensevelie toute vivante, jusqu'à ce qu'une mort prématurée vint la délivrer de ses chaînes.

—Quels crimes avait-elle commis, mon oncle?

—Aucun, mon ami, à moins qu'on ne regarde comme un crime le desir d'améliorer le sort du peuple qu'elle était appelée à secourir. Elle avait pris part à plusieurs excellens plans de réforme, proposés par le comte de Struensée, alors premier ministre de Danemarck, et comme ils en poursuivaient l'exécution avec plus de zèle que de sagesse, certaines personnes de leur entourage prirent l'alarme. Malheureusement le roi n'était guère autre chose qu'un idiot; il se

laissa facilement persuader qu'il
y avait une conspiration contre
lui, et fit détrôner sa femme et
décapiter son fidèle serviteur.
La reine douairière et son fils
furent les principaux agens de
cette infernale intrigue. Ils ré-
pandirent le bruit, que Matilde
avait mis du poison dans le café
du roi, et cherché à se faire pro-
clamer régente. Tout cela fut
accompagné de plusieurs autres
histoires également fausses. Lorsqu'ils crurent le public suffisa-
ment persuadé, ils se précipitèrent une nuit dans la chambre
du roi, et se jettant à genoux
devant son lit, ils le supplièrent

les larmes aux yeux de se sauver lui-même et le Danemarck de la catastrophe qui les menaçait, en faisant arrêter Struensée et la reine.

Le roi, quoique alarmé par leurs manières, et faible de caractère, résista quelque tems avant de signer l'acte; mais enfin il ordonna que les comtes Struensée et Brandt fussent saisis et conduits à la citadelle, et vers cinq heures du matin, une des dames de la reine reçut ordre de l'éveiller, et de lui apprendre qu'elle était arrêtée. Pauvre femme! qu'elle dut être sa surprise, son chagrin! Elle fut pla-

cée dans une voiture et transportée à Cronsberg, que je vous
ai fait voir en Danemarck. Elle fut
ensuite amenée ici, où elle vécut
quelques années, et mourut à
l'âge de vingt-six ans. Ce qui
prouve qu'elle était extrêmement
jeune, lorsqu'elle fut ainsi acca-
blée par le malheur.

— Mais le roi découvrit-il son
innocence ? Écouta-t-il sa justi-
fication?

— Non, jamais il ne la revit,
mais on croit qu'il déplora l'erreur dans laquelle il s'était laissé
entraîner, et qu'il l'aurait rétablie
sur le trône, si la mort ne l'en avait
empêché. Pendant son séjour

dans ce château, elle eut la satisfaction de recevoir fréquemment la visites de sa sœur, la duchesse de Brunswick, qui restait
quelquefois avec elle pendant
une semaine entière, pour tâcher
d'adoucir son chagrin. On dit
en effet, que tant qu'elle se voyait
dans la société de cette tendre
compagne de son enfance, la reine
oubliait ses malheurs, et que son
jeune cœur se livrait à cette aimable gaieté qui lui était naturelle, mais lorsque l'heure du départ arrivait, elle retombait dans
l'abattement et le désespoir. Tous
ceux qui l'appochèrent à Zell, la
représentent comme douée du

meilleur cœur, et des grâces les plus séduisantes; on en parle même encore avec les plus tendres regrets, comme vous l'entendrez probablement pendant votre séjour ici.

— Mourut-elle de langueur, mon oncle?

— Non, mon ami, elle mourut d'une fièvre, qui l'emporta si rapidement, que son inestimable sœur ne put arriver assez tôt pour la voir vivante, malgré la précipitation avec laquelle elle accourut, dès qu'elle fut avertie de sa maladie.

— C'est une bien triste histoire, dit Frédéric, en se détournant pour cacher ses larmes.

—C'est aussi une leçon instruc-
tive, reprit son oncle; car je ne
dois pas vous cacher, mon cher
Frédéric, que cette aimable et
intéressante femme ne fut pas
très-prudente. Elle poursuivit
un but excellent en lui-même par
des moyens qui étaient blâma-
bles, et s'associa avec le ministre
de son mari d'une manière qui
prêtait à de fausses insinuations.
Elle oublia la dignité de sa position, ce qui porte toujours préjudice aux jeunes personnes de
son sexe, et dans la gaité, peut-
être dans l'innocence de son cœur
elle tint une conduite, qui cau-

saît de la peine a ses amis, et qui fournissait naturellement à ses ennemis le moyen de la perdre. Je dis donc qu'elle donne un pénible, mais utile avertissement, à tous ceux qui manquent d'expérience, et qui voudraient précipiter aveuglement l'exécution de tout plan nouveau, et mépriser les préjugés de ceux qui les ont précédés ; elle leur fait voir combien il leur importe de suivre l'objet qu'ils ont en vue, lentement, sagement et avec réflexion. Autrement ils se perdent non seulement eux-mêmes, mais ils perdent encore les autres, et manquent le but qu'ils étaient louables de désirer. L'erreur de la princesse causa la mort ignominieuse de ses deux nobles amis, confirma les abus qu'elle cherchait à détruire, et la fit condamner elle - même à une prison cruelle, et à une mort prématurée.

Chapitre neuvième.

Brunswick. — La Cour. — Les Traineaux.
Le Hanovre. — Amsterdam. — Propreté
des habitans. — Histoire des Provinces
unies. — Boërhave. — Harlem. etc.

De Zell nos voyageurs se rendirent à Brunswik, où ils restèrent une semaine ou deux. M.
Delmar y avait plusieurs amis,
qui le reçurent, lui et son neveu,
de la manière la plus cordiale ,
ce qui rendit le séjour si agréable
à Frédéric, que bien qu'il désirât

vivement revoir l'Angleterre et sa tendre mère, il n'était pas fâché d'être retenu dans une société si charmante.

Brunswick, capitale du duché de ce nom, est située sur l'Ocker; on dit qu'elle fut bâtie en 868 par Bruno, fils d'Adolphe, duc de Saxe. Depuis cette époque, d'autres princes l'ont beaucoup augmentée. Elle a une forme presque carrée, et une circonférence de trois quarts de lieue. Elle est divisée en cinq ou six quartiers séparés, et renferme plusieurs églises protestantes, les habitans ayant embrassé des premiers les doctrines de

Luther. Ils ont un collége pour l'étude des sciences et des beaux-arts , un opéra , un théâtre et un hôtel des douanes. Cette ville faisait autrefois partie des villes anséatiques , et avait un gouvernement républicain ; mais elle est maintenant sous la souveraineté du Prince de Brunswik Wolfenbuttel , qui l'a choisie pour sa résidence. Elle est peut-être moins populeuse et moins commerçante qu'elle ne l'était auparavant , mais c'est encore néanmoins une ville florissante. Le chanvre, la laine et le houblon qu'on recueille dans les environs, sont ses principaux articles

de commerce ; mais on en expor-
te également en grande quantité
la racine de chicorée , préparée
pour servir de café, des jambons,
des saucisses , et une forte bière
appelée *Mum*.

La chose, dit M. Delmar, dont
s'enorgueillit peut-être le plus
Brunswick , c'est que les rouets
à filer y furent inventés par un
statuaire nommé Gorgen. Quand
nous considérons la grande utili-
té de cet instrument , et l'application qu'on a faite dans les manufactures de coton anglaises, du
principe d'après lequel il est construit, il semble que nous ne pouvons en faire un trop grand cas.

Ce qui frappa Frédéric, c'est que les Brunswickois avaient beaucoup de ressemblance avec les anglais; mais il convint que les enfans étaient mieux élevés, parce que dans presque toutes les maisons, il remarqua que les jeunes gens parlaient deux langues outre la leur. Lorsqu'ils allaient dans les sociétés, les vieillards se retiraient à l'écart autour des tables de jeu, pendant que les jeunes gens, (dont l'âge en général, était de douze à vingt-quatre ans) se livraient à des jeux tels que *la savate, la main chaude*, etc. Frédéric passa de cette manière plusieurs soirées très-gaies. Il alla deux fois au théâtre, qui l'amusa beaucoup, parce qu'il lui rappela son cher pays, et il remarqua qu'il n'avait pas encor vu une pareille réunion de dames en aussi belle toilette , depuis la dernière fois qu'il avait été à Covent Garden.

Comme son oncle voulait lui faire tout voir, il prit des mesures pour obtenir d'être introduits à la cour, et écrivit un billet en langue française, au chambellan de la duchesse, dans lequel il lui exprimait le désir d'être présenté. Peu de tems après le chambellan lui envoya une réponse polie, qui fixait cette cérémonie

au dimanche suivant. Ce jour là
Frédéric revêtit donc un uniforme complet, de même que
son oncle, ceignit l'épée, se fit
lier, friser et poudrer les cheveux, à la manière des élégants
de l'ancienne école. Telle était
l'étiquette. En se voyant, il ne
put retenir un éclat de rire, auquel M. Delmar lui-même se
joignit; mais celui-ci éprouva
intérieurement une joie bien
douce, en remarquant combien
ses forces étaient rétablies, et
quel air de santé il avait alors.
Lorsqu'ils arrivèrent au palais,
on les introduisit au salon, et le
chambellan les présenta au sou-

verain règnant, ainsi qu'au prince héréditaire et à son épouse, qui les invitèrent poliment à souper.

Frédéric fut charmé de la douceur, et même de la bonté, qui se manifestait dans les manières de ces grands personnages; mais une chose le surprit et le choqua vivement, ce fut de voir plusieurs membres de la société se réunir autour d'une table et jouer aux cartes. Il ne s'était pas attendu à voir une pareille infraction aux lois du dimanche, dans un pays protestant. Il fut toutefois bien aise de remarquer, qu'aucun des Anglais qui étaient présens, n'y participa. A neuf heures, toute la société se mit à table pour souper; le repas se composait d'un grand nombre de mets assaisonnés à la manière française, et servis sur des plats d'argent. La table était longue, les lumières nombreuses, et les décorations élégantes, consistant principalement en fleurs, de sorte que le tout présentait un coup d'œil magnifique. A onze heures la compagnie se leva, et partit, après avoir offert ses hommages à ses nobles hôtes.

Le vendredi suivant ils reçurent une invitation à dîner de la part du prince et de la princesse. Le festin fut splendide; mais Frédéric trouva beaucoup plus de plaisir quelques jours après, à contempler l'amusement favori des Brunswickois, pendant les mois d'hiver.

Cet amusement consiste à courir en traîneaux sur la neige, lorsqu'elle est durcie par le froid. Ces traîneaux sont extrêmement légers, et peints de diverses couleurs très-gaies Ils sont attelés d'un seul cheval, que guide l'homme qui est dedans; mais si c'est une dame, son domestique monte le cheval, ils passent sur la surface unie de la rue avec une incroyable vitesse, et comme ils se suivent à la file, ils offrent un spectacle fort amusant.

A raison de leur extrême légèreté, ils sont sujets à verser; mais c'est un accident presque toujours risible, plutôtque sérieux, les cris des dames, les juremens des domestiques, et la confusion où cela jette toute la procession, formant la plus grande partie du divertissement.

De même que les Russes, les Brunswickois ont beaucoup de goût pour les feux d'artifice, et nos voyageurs furent assez heureux pour en voir un d'un effet beaucoup plus beau que celui qu'ils avaient vu à Moscow, parce que la nuit était plus sombre. La pièce la plus curieuse consistait en un immense dragon, qui vomissait des flammes, et lançait en l'air les plus belles fusées. Après le feu d'artifice on donna un bal à la société. Toute cette fête était donnée par un gentilhomme, pour célébrer l'aniversaire de la naissance de sa fille, qui atteignait sa dix-huitième année.

M. Delmar et son neveu quittèrent Brunswick avec regret, et et se dirigèrent vers Hanôvre, à travers un pays qui aurait été affreux dans toutes les saisons, mais qui, à cette époque, présentait l'image de la plus grande misère. En arrivant, ils eurent cependant la satisfaction de trouver un logement commode, qui leur fut d'autant plus précieux, que le froid ne leur permettait pas de faire des excursions dans les environs, comme c'était leur coutume. Mais ils n'oublièrent pas de visiter les étables royales, elles contenaient un grand nombre de chevaux superbes, appartenant au roi d'Angleterre, qui est représenté dans ce pays par son frère, le prince Adolphe, duc de Cambridge. Ils eurent le plaisir de revoir ce royal personnage et sa belle compagne, au moment où ils revenaient d'une promenade en voiture, et crurent qu'ils n'avaient jamais contemplé un plus noble couple. La duchesse a un teint délicat, des yeux bleus, des cheveux bruns cendrés, un nez aquilin, et une bouche d'une forme parfaite; mais son plus grand charme, c'est la simplicité et l'affabilité de ses manières.

De Hanôvre nos voyageurs allèrent à Osnabourg, ville qui donna le titre d'évêque au duc d'York. Ils y passèrent la nuit et le lendemain ils arrivèrent un peu tard dans la soirée à Amsterdam où ils trouvèrent tout à fantaisie.

Amsterdam est une très-belle ville, située sur l'Amstel, au point de sa réunion avec la Zé, qui forme un port capable de recevoir mille vaisseaux. Au commencement du treizième siècle, ce n'était comme Saint-Pétersbourg, que la résidence de quelques malheureux pêcheurs ; mais bientôt elle devint populeuse, et les comtes de Hollande lui donnèrent le titre de cité, avec les privilèges qu'emportait alors ce titre. En 1490, elle fut entourée d'un mur ; mais pendant les deux siècles suivans,

elle fut sujette à plusieurs boule-
versemens. Ce fut une des der-
nières villes qui embrassèrent la
religion réformée ; mais une fois
qu'ils eurent fait ce pas, les habitans devinrent en peu de tems
si zêlés protestans, qu'ils chassèrent le clergé catholique , les
moines et les religieuses, brisè-
rent leurs images, et détruisirent
leurs autels. Quoique toutes les
autres religions y soient tolérées,
les catholiques ne peuvent exer-
cer leurs cérémonies que dans
des maisons particulières , où
souvent même ils sont encore
molestés.

Amsterdam est presque entièrement bâti sur pilotis ; la nature du terrein ne permettait pas d'autre genre de construction. La ville est traversée en plusieurs endroits par des canaux, dont les côtés sont garnis de pierres de taille, et ombragés d'arbres magnifiques Le plus beau de ces canaux est l'Amarack, qui est traversé par plusieurs ponts de pierre, et sur les bords duquel sont deux vastes quais. Les autres sont également très - bien entretenus.

L'hôtel de ville, où l'on traite des affaires publiques, est regardé comme un des plus beaux édifices qui existent. C'est un bâtiment carré, en pierres de taille, construit sur un fondement de quatorze mille poutres de chêne. Il a coûté soixante-seize millions de notre monnaie. Ce superbe édifice est magnifiquement meublé, et orné de belles statues et de devises emblématiques dans ses bas-reliefs. Il possède aussi un grand nombre des plus beaux tableaux de l'Europe ; les ouvrages de Rubens, de Vandyck, et de plusieurs autres peintres flamands, couvrent les murs des salles les plus remarquables. Sous l'hôtel se trouve une voûte immense où l'on conserve les trésors de la banque d'Amsterdam, et dont les portes sont à l'épreuve du canon. Sur le derrière sont les prisons pour les criminels et les débiteurs, et le corps de garde des citoyens, où l'on enferme les clefs de la ville tous les soirs. Amsterdam contient environ trois cents mille habitans, abonde en objets intéressans, en bâtimens superbes, et offre un air de richesse et d'activité qu'on ne rencontre presque nulle part.

Lorsque notre jeune ami sortit le matin, le plaisir et la surprise qu'il manifesta furent extrêmes. Tous les canaux étaient gelés, et une foule de personnes de toutes les classes patinaient dessus avec une rapidité étonnante ; on ne pouvait rien imaginer de plus gai ; l'habillement du peuple est excessivement grotesque ; les hommes portent des chapeaux de forme très-élevée , de petites vestes serrées , et de larges pantalons , et comme ils sont naturellement gros et malfaits , l'étranger, en les voyant, s'étonne que de pareils corps puissent se mouvoir avec tant de rapidité. Les femmes se rapprochent beaucoup de ce portrait; elles ont d'énormes jupons, et de tout petits bonnets. C'est assurément un spectacle fort amusant et fort extraordinaire que d'en voir une avec un panier d'œufs sur la tête, et les mains sur les hanches, glisser sur la glace avec une parfaite aisance.

Ce costume national, dit M. Delmar, est adapté au climat, et il a été porté d'âge en âge par les basses classes, et même par des commerçans fort respectables; mais vous verrez que les classes élevées ont adopté, comme nous, le costume français. On peut dire aussi que dans ces classes, la taille diffère, ainsi que l'habillement, comme vous aurez occasion de le remarquer dans les filles de mon ami D., jeunes personnes d'une forme aussi parfaite que vos sœurs. Je vous assure que j'ai connu quelques femmes Hollandaises d'une beauté extraordinaire. Elles ont généralement un teint très-frais, de jolies mains, de beaux bras et les cheveux blonds ; rarement leur physionomie annonce une grande vivacité d'intelligence, mais toujours l'innocence et la bonne humeur.

M. Delmar cessa de parler, parce qu'ils étaient arrivés à la maison de son ami, ils trouvèrent à la porte une servante robuste qui lavait l'escalier. En jettant les yeux sur les pieds des étrangers, qui avaient fait un long trajet, elle se hâta de jeter son éponge, et saisissant M. Delmar dans ses bras d'amazone, elle le porta à travers le vestibule dans la salle à manger; puis revint en un clin d'œil, prit le neveu, qui riait encore de l'aventure de son oncle, et le porta lui-même au même endroit. Le maître de la maison ne fit aucune attention à la conduite de sa servante, et se contenta de dire que c'était une bonne fille, et qu'elle tenait sa maison proprement; mais pour réconcilier ses hôtes avec cette action inattendue, il leur raconta l'anecdote suivante:

Pendant qu'il était à Amsterdam, Pierre-le-Grand ayant quelque affaire avec un marchand, se rendit un jour à son bureau pour la termimer, rien sur lui n'annonçait son rang; la maîtresse de la maison n'admirant point son *entrée*, l'arrêta en bas pour examiner si ses pieds étaient propres. Dans ce moment son mari arriva, et voyant la manière dont était traité son royal hôte, il se jeta aux pieds du Czar, et le supplia de lui pardonner. Tout cela est très-bien, mon ami, dit Pierre en riant, et en le relevant, vous êtes venu juste à tems pour m'épargner la peine de changer de pantoufles.

Cette propreté extraordinaire des habitans de la Hollande est très-frappante, même pour un Anglais, qui est habitué à voir les maisons si bien tenues dans son pays; mais elle doit encore frapper bien d'avantage les hommes des autres pays. En France et en Epagne il est rare de voir un escalier bien propre, et souvent l'on rencontre dans les cours les choses les plus dégoûtantes; mais ici le torchon et le balai ne sont jamais en repos, et l'on se mirerait dans le parquet de toutes les chambres. On dit que cette extrême propreté est une affaire de nécessité aussi bien que de goût, parce qu'il s'échappe quelquefois des canaux une vapeur funeste, et que la propreté est le seul moyen de garantir la santé des habitans.

Lorsqu'ils revinrent de leur première excursion, Frédéric pria instamment son oncle de lui donner quelques détails sur ce peuple étonnant, qui avait su tirer un royaume, pour ainsi dire, d'une fondrière, et qui s'était rendu célèbre dans les beaux arts, dans les armes et par ses richesses, dans une position qui ne pouvait lui fournir les plus simples moyens de subsistance.

Les sept provinces unies, généralement appelées Hollande, du nom de la plus grande, furent long-tems considérées comme faisant partie de l'Allemagne ; on les appelait le cercle de Bourgogne, mais en l'an 1500, la tyrannie de Philippe, roi d'Espagne, sous la puissance duquel elles étaient tombées, comme partie de ses domaines d'Allemagne, les engagea à secouer le joug. Les comtes Hoorn et Egmont, et le prince d'Orange se mirent à la tête de l'insurrection, et les disciples de Luther, dont les doctrines se répandaient alors partout, se joignirent à eux.

C'est ainsi que les principes de la liberté civile ont toujours marché de pair avec la religion protestante. Pour étouffer d'un seul coup cet élan vers la liberté, Philippe le plus.....

—Est-ce le même Philippe qui a épousé la sanguinaire Marie, reine d'Angleterre, mon oncle ?

— Oui, mon ami, et qui a voulu aussi épouser Élisabeth. C'est à la suite du refus de cette reine célèbre, qu'il chercha à envahir notre pays, en envoyant l'invincible Armada.

—Je vous remercie, mon oncle, continuez je vous prie

—Philippe, allais-je vous dire, introduisit une espèce d'inquisition parmi eux, afin de punir leurs désirs si naturels et si louables. Il en mourut des milliers sur l'échafaud, outre ceux qui périrent sur le champ de bataille comme les comtes Hoorn et Egmont. Heureusement le prince d'Orange échappa ; les provinces le choisirent pour leur chef, sous le titre de Stathouder, c'est à dire, gouverneur de l'état. Poussées par leurs souffrances mutuelles à s'allier pour leur commune défense, elles formèrent toutes, un traité d'alliance régulier, en 1579. Jus-

qu'alors leur orgueilleux tyran
et ses détestables ministres les
avaient traitées de mendiantes,
elles étaient en vérité presque ré-
duites à la mendicité; mais leur
courage et leur persévérance,
aidé de l'argent et des troupes que
leur fournit Élisabeth, les mirent
bientôt dans une autre position,
elles gagnèrent victoires sur victoires. En 1609 elles forcèrent l'Espagne à les déclarer peuple libre,
et furent bientôt après reconnues
par toute l'Europe, comme un
état indépendant, sous le titre
de Provinces unies.

— J'en suis enchanté! s'écria
Frédéric.

— Depuis cette époque, elles se sont élevées à un état de puissance et de prospérité qui n'a été égalé par aucun autre pays renfermé dans d'aussi étroites limites. Elles ont eu pendant long-temps les plus riches possessions des Indes orientales , et conservé le monopole du commerce des épiceries durant plus d'un siècle. Batavia est la capitale de leurs colonies, et ils y entretiennent un vice-roi , qui vit dans tout l'éclat de la magnificence orientale. Ils ont aussi de très-beaux établissemeus dans les Indes occidentales, et jamais on n'a eu à leur reprocher d'au-

tre tort, dans leur commerce,
que leur cruauté envers leurs
esclaves ; peut-être même ce re-
proche n'est il-pas fondé. Partout
ils se montrent honnêtes et ponctuels, mais avares et avides de
gain. Aussi, dans quelque pays
qu'ils s'établissent, on est sûr
qu'ils y acquerront des richesses.
Ils le doivent au principe avec
lequel un Hollandais commence
sa carrière, principe qui consiste
à dépenser moins que son revenu. En conséquence, il y a
moins de pauvres dans ce pays
que partout ailleurs. De cet esprit d'économie résultent de
grands avantages pour toutes les

autres nations qui ont des relations de commerce avec eux; parce qu'ils font peu de banqueroutes, et s'ils cherchent à acheter bon marché, ils sont en retour ponctuels dans leurs paiemens, et font la balance de leurs comptes avec la dernière précision et la plus exacte probité.

Leurs objets d'exportation consistent en poterie, pipes à fumer, huile, empois, draps, coton, soieries, linges, et toiles damassées d'une grande beauté, en sel, en fils et en jouets d'enfans. Ils tirent un revenu considérable de la pêche, ont la banque la plus riche du monde, et

M. Hope, leur premier négociant, passe pour le plus riche
particulier du globe. La révolution française leur a causé de
grands préjudices ; non seulement elle leur fit perdre leur
Stathouder, et leur envoya plus
tard un roi dans la personne de
Louis Bonaparte, qui fut à la
vérité un bon roi, si bon que son
frère le leur retira. Mais elle fut
cause que des sommes immenses
furent retirées des fonds publics,
et envoyées en Angleterre, au
grand préjudice du pays. La famille des Hope, qui étaient comme les Médicis en Italie, des
négocians immensément riches,

non moins remarquables par leurs connaissances, leur munificence, leur libéralité et leurs qualités morales, que par l'étendue de leur commerce, s'éloignèrent aussi, emportant avec eux tous les fonds qu'ils avaient pu réaliser, pour se soustraire à la rapacité d'une armée d'invasion.

— Sont-ils sont maintenant rétablis dans leur ancien gouvernement ?

— Sans doute, mais il faut du tems pour réparer de grandes pertes. Toutefois il n'est pas douteux qu'ils recouvreront leur ancienne prospérité ; car l'intégrité, l'industie et le courage surmontent tous les obstacles.

Frédéric fut très-surpris de la multitude de cigognes qu'il vit dans les rues et les maisons ; il ne pouvait concevoir pourquoi on s'attachait à nourrir de si vilains oiseaux. Mais il apprit bientôt que les habitans les regardent comme des oiseaux sacrés, et leur portent le plus grand respect ; on peut dire même qu'elles le méritent, puisque ce ce sont les seules créatures irraisonnables qui fassent la moindre attention à leur mère, au-delà de l'époque où elle est nécessaire à leurs besoins. La cigogne porte sa mère sur son dos , lorsque l'âge a détruit ses forces , lui donne à manger , et lui rend , dans ses vieux jours, les tendres soins qu'elle en a reçus elle-même à son entrée dans la vie. C'est cette grande leçon morale qui a mérité à la cigogne des priviléges qui font honneur aux sentimens de ceux qui les accordent. On dit aussi qu'au siége de Harlem, ces oiseaux rendirent un grand service , mais on ne dit pas de quelle nature était ce service.

Nos voyageurs profitèrent du voisinage pour faire une visite à a Haie , qui renferme quarante mille habitans. C'est là que la cour fait son séjour. C'est une jolie ville, ornée de palais et d'autres bâtimens magnifiques , et qui présente un coup d'œil fort agréable. M. Delmar demanda à Frédéric, s'il trouvait qu'elle ressemblait à Bath, comme bien des personnes le croyaient. Tous deux furent d'avis qu'on ne pouvait la comparer à cette charmante ville. Ils eurent le plaisir d'y voir une comédie française qui fut très-bien jouée, et ils convinrent qu'en somme , les comédiens français étaient supérieurs à ceux de l'Angleterre, à laquelle ils accordèrent la préférence sous les autres rapports.

D'Amsterdam ils allèrent à Leyden, une des plus grandes universités de l'Europe, et qui passe pour produire plus de savans que tout autre ; mais il faut observer que, pendant long-tems, les savans de toutes les nations ont eu l'habitude de faire une visite à Leyden, de manière qu'on peut dire qu'elle a reçu autant qu'elle a donné. Le célèbre médecin Boërhaave nâquit dans un village près de Leyden, en 1668, et ajouta à sa réputation, non seulement par ses talens extraordinaires et sa vaste érudition, mais encore par ses vertus et la douceur de ses mœurs. Jamais un homme n'obtint peut-être à un tel point l'estime des particuliers et l'admiration publique. Il mourut en 1738, laissant un nom honoré par tous les hommes de lettres, mais surtout par les hommes de sa profession. Haller, fameux botaniste et médecin suisse, passe pour avoir le plus approché de Boërhaave, par son génie, ses connaissances et ses immenses recherches.

Ils firent le trajet de Leyden à Harlem dans la voiture ordinaire du pays, sorte de charrette légère, garnie de sièges en travers; sur le premier est assis le conducteur avec sa pipe à la bouche, habitude qui n'est pas très-agréable pour les voyageurs, mais il fait peu d'attention à leurs plaintes, chaque Hollandais se considérant comme un homme libre, ce qui, pour les basses classes, signifie trop souvent, libre d'être désagréable autant que cela me fera plaisir, tandis que cette même maxime ne produit, sur les gens bien élevés, d'autre effet que celui d'ajouter la franchise à la politesse.

Harlem est une ville charmante, qui se dispute avec l'Allemagne la gloire d'avoir inventé l'imprimerie. Il est certain au moins, que Leyden et cette ville offrent les meilleurs échantillons que cet art ait produit dans son enfance, et il est sorti des presses de Harlem, des éditions de classiques, qu'on regarde comme inappréciables.

L'orgue de la cathédrale passe pour ne le céder qu'à celui d'Anvers. On le toucha pendant qu'ils examinaient ce vénérable édifice; les sons en étaient solennels et harmonieux, leur oreille en fut charmée et leur esprit profondément affecté, et ils auraient pu dire dans le langage de Milton, que *ces sons frappaient leurs sens comme la voix des anges.*

De cette ville, ils allèrent voir une belle maison de campagne de M. Hope, dont on a fait un véritable paradis, malgré la monotonie des environs qui l'avoisinent. L'intérieur est décoré de tout ce que le meilleur goût et une imagination vive, aidée de la richesse, ont pu trouver de plus beau et de plus élégant. Elle est entourée de bois magnifiques, au milieu desquels se trouve un jardin d'une vaste étendue, et rempli des plantes les plus curieuses. En hiver même, la beauté de ce lieu était frappante, et Frédéric ne put s'empêcher de dire : j'ai souvent entendu des gens, en parlant d'un petit morceau de terrein coupé par des allées bien alignées et formant quelques courbes triangulaires, l'appeler un jardin hollandais : mais s'ils voyaient celui-ci, ils changeraient bien vîte d'opinion, car c'est assuré-ment le plus charmant paysage que j'aie vu.

— Vous avez raison ; mais il est unique, et bien peu de personnes pourraient l'imiter, soyez-en sûr. Le fait est que la terre a une telle valeur ici, que tous ceux qui en possèdent un peu, dési-rent l'utiliser, et comme les ha-bitans des Provinces unies sont de grands horticulteurs, ils n'est pas très-étonnant qu'ils cherchent à tirer le meilleur parti de leur jardin, en le disposant de manière qu'il offre la plus grande variété de belles fleurs dans le moins d'espace possible.

— Quand nous serons en Angleterre, je vous donnerai un ouvrage de M. Hope, qui traite de cette matière avec beaucoup de goût. J'ajouterai seulement que, dans ce pays, il y a un goût national pour l'élégance et le fini de l'ouvrage ; il perce partout, mais il se fait surtout remarquer dans leurs tableaux. C'est dommage que nous ne puissions vérifier ce fait pour le moment.

Le lendemain ils se rendirent à Rotterdam, qui n'est éloigné de Harlem que d'environ trois petites lieues. Quoique fort inférieure à Amsterdam, cette ville lui ressemble beaucoup ; elle a un grand commerce avec toutes les parties du monde, plusieurs beaux édifices publics, et cinquante-six mille habitans.

En revenant d'examiner la ville, M. Delmar dit à Frédéric, qu'Erasme y était né en 1467, et que cette circonstance avait beaucoup contribué à lui donner de la célébrité. C'était incontestablement le plus grand homme de son siècle, et la postérité lui a accordé le tribut d'estime qu'il méritait. Il a demeuré successivement en Italie, en Suisse, en France et en Angleterre ; mais il paraît qu'il préférait ce dernier pays, et l'on croit qu'il s'y établit, puisqu'il obtint une chaire de professeur à Cambridge, et se lia d'une étroite amitié avec sir Thomas Moore, dans la maison duquel il composa plusieurs de ses ouvrages. Ses efforts pour faire revivre les lettres, ont beaucoup contribué à hâter les progrès de la réforme, quoiqu'il ne prît pas ouvertement part aux travaux de Martin

Luther, qui lui reprochait sa poltronnerie. Il mourut en 1536. Ses ouvrages furent réunis et supérieurement imprimés en dix volumes in-folio, en 1706. Je vais vous mener voir la statue en bronze, qui lui fut élevée par les habitans de Rotterdam, qui ont conservé la maison où il est né.

Après avoir examiné la banque, l'hôtel des douanes, et l'église de Saint-Laurent, ils allèrent au port, qui est d'une beauté remarquable, et si profond, que les plus gros vaisseaux peuvent y entrer et décharger dans les magasins des négocians.

Pendant qu'ils admiraient l'ordre et l'activité qui régnaient partout, M. Delmar fut accosté par un ancien ami qui allait s'embarquer pour l'Angleterre, et comme rien ne les retenait, il fut sur le champ convenu qu'ils partiraient avec lui. M. Delmar chargea donc Frédéric de retourner à l'auberge, de payer ce qu'ils devaient, et de faire transporter leur bagage au port.

Nos jeunes lecteurs concevront facilement quelle était la joie de Frédéric. Car quoique depuis l'heureux rétablissement de sa santé, il eût goûté le plaisir de voyager avec tout l'enthousiasme naturel à son âge, sa pensée, depuis quelque tems, se reportait souvent vers sa chère Angleterre. Plus il en approchait, plus elle lui devenait chère, et comme le continuel changement de leur séjour ne leur avait pas permis de recevoir de lettres de Mistress Delmar, depuis qu'ils avaient quitté Moscow, quelques inquiétudes se mêlaient à l'impatience où il était d'embrasser des objets si chers à son cœur.

Chapitre Dixième.

Tempête sur mer. — Débarquement à Harwich. — L'Église. — La visite à Colchester. — Arrivée à York. — Conclusion.

Le vaisseau mit à la voile avec un bon vent, et l'espoir de faire un heureux trajet, vu la saison. Mais dans le cours de la nuit, il s'éleva un vent si violent, qu'on s'attendit à être repoussé sur les côtes de la Hollande. Le jour parut peu à peu, et l'on s'apper-

çut alors qu'on était dans une situation fort périlleuse; en effet
le vent redoubla de violence, la
mer devint furieuse et le vaisseau était ballotté sur sa surface
comme une plume emportée
dans les airs. Frédéric avait beaucoup entendu parler de tempê-
tes, en avait vu bien des descrip-
tions, mais toutes les idées qu'il
s'en était faites étaient loin de ré-
pondre à la terrible réalité qu'il
avait devant les yeux. Les vents
soufflaient d'une manière horrible, et d'énormes vagues se
précipitaient en mugissant sur
le vaisseau et menaçaient à chaque instant de l'engloutir. Jamais

il n'avait vu le danger de si près, et jamais les tendres objets de ses affections ne furent aussi chers à son cœur. Bien qu'il fît ses efforts pour dompter ses sentimens et mériter les éloges que son oncle lui donnait, il était livré à une lutte intérieure, pénible. Heureusement, à l'approche de la nuit, le vent s'appaisa et leur devint peu à peu favorable; l'agitation des eaux se calma également, et bien qu'elles ne fussent pas encore très-paisibles, ils éprouvèrent un grand soulagement en se voyant délivrés d'un danger qui naguère les menaçait à tout instant de la mort.

Nous allons maintenant donner à nos jeunes lecteurs une lettre que Frédéric écrivit à un de
ses cousins du même âge que
lui, et dans laquelle il raconte
lui-même tout ce qui lui est
arrivé et tout ce qu'il a éprouvé
depuis. Nous espérons qu'elle
fera connaître avantageusement
notre jeune ami à ceux qui l'ont
si long-tems accompagné dans
ses voyages.

A York, le 1er mars 182...

Mon cher William,

« Me voici donc encore une
» fois à côté de ma chère mère

» et dans le voisinage de toutes
» les personnes que j'aime. Un
» jour vous connaîtrez toutes mes
» aventures ; pour le moment je
» ne puis guère penser à autre
» chose qu'à l'horrible tempête,
» à laquelle mon cher oncle,
» votre pauvre ami, et une foule
» d'autres personnes ont heureu-
» sement échappé. Une tempête
» sur mer n'est pas une chose
» qu'on oublie facilement ; mais
» maintenant qu'elle est passée,
» je suis bien aise de l'avoir vue.
» Elle produisit un tel effet sur
» moi, que je ne pus me joindre
» à la gaité bruyante de ceux qui
» m'entouraient, long-tems après

» que le danger fut passé. La re-
» connaissance que notre déli-
» vrance m'inspirait pour la di-
» vinité, était un sentiment trop
» solennel pour se mêler à des
» chants et à des cris tumultueux ;
» et bien que je sois aussi d'une
» assez grande gaité par fois, elle
» me parut déplacée dans cette
» occasion.

» Nous fumes repoussés si loin
» dans la mer, que nous fumes
» long-tems avant de nous re-
» connaître ; mais enfin, après
» deux jours et deux nuits passées
» dans la crainte et l'agitation,
» nous atteignîmes Harwick un
» peu avant le point du jour, un

» dimanche matin, et après avoir
» pris un peu de repos et un bon
» déjeûner, nous nous rendîmes
» à l'église.

» Je ne puis vous dire, mon
» cher William avec quel plaisir
» je contemplais tous les objets
» qui m'environnaient, et écou-
» tais chaque accent qui frappait
» mes oreilles. Il me semblait que
» j'étais dans un pays de frères,
» et j'étais prêt à tendre la main
» à chaque personne que je ren-
» contrais. Ces émotions délicieu-
» ses augmentèrent de vivacité,
» lorsque je me vis encore une
» fois dans une église Anglaise,
» environné de mes compatriotes,

» qui professaient la même foi et
» qui jouissaient des mêmes pri-
» viléges. Tout se réunissait pour
» humilier mon cœur et lui faire
» sentir la bonté et la puissance
» de celui qui dispose des événe-
» mens. Le danger auquel je ve-
» nais d'échapper, l'idée que j'é-
» tais près de ma mère et de ma
» sœur, qui peut-être priaient
» en même tems que moi, et im-
» ploraient probablement pour
» moi la bonté du ciel, me cau-
» sérent un bonheur inexprima-
» ble. J'espère que je n'oublierai
» jamais les sentimens que j'é-
» prouvai en ce jour; mais qu'ils
» me rappelleront à la raison, si

» j'étais tenté de m'en écarter, et
» qu'au jour du chagrin, ils me
» préserveront du désespoir.

» Lorsque le service divin fut
» achevé, nous allâmes à Man-
» ningtree et de là à Colchester
» où nous couchâmes. C'est une
» ville très-ancienne, où l'on voit
» beaucoup de restes de monas-
» tères, le dernier fut abattu par
» l'ordre de Henri VIII, lorsque
» les protestans Hollandais s'en-
» fuirent de leur pays, pour
» échapper à l'impitoyable cru-
» auté du duc d'Alva, ils y éta-
» blirent des manufactures de
» flanelles, qui sont encore très-
» renommées aujourd'hui.

» Nous arrivâmes à Yorck par
» la diligence, le mardi, à six heu-
» res du soir, parce que nous
» fûmes arrêtés quelques heures
» à Peterborough. Il faisait un
» beau clair de lune, et lorsque
» je vis les tours de l'église, je ne
» pus m'empêcher de verser des
» larmes de joie, et je m'écriai:
» ah! je vais donc vous revoir,
» ma tendre mère, mais presque
» aussitôt le postillon arrêta à
» notre porte, et comme un pa-
» reil événement ne pouvait être
» occasionné que par *nous*, tout
» le monde de la maison fut à la
» porte en un instant. Ma mère
» paraissait un peu pâle et trou-

» blée, Lucie tenait des morceaux
» de sucre à la main ; car dans sa
» surprise elle avait oublié de les
» laisser ; les servantes criaient
» dans leur jargon Yorckois, et
» le petit basset Vixen aboyait de
» joie. Je n'ai pas besoin de vous
» dire avec quel transport j'em-
» brassai ma tendre mère, que
» Lucie ne m'avait jamais parue
» si chère, et que jamais je ne fis
» de festin avec le même plaisir
» que je pris mon thé le soir dans
» notre propre salon.

» Adieu, mon cher William,
» j'ajouterai seulement, que ma
» santé est parfaite et que je suis

» toujours votre affectionné cou-
» sin.

Frédéric Delmar.

Adressé
à M. William Delmar,
à Cantorbery.

FIN.

TABLE.

—

CHAPITRE PREMIER.

But du voyage. — Voyage à Hull. *Pages.*
— Un bon oncle. — Objets de
curiosité. — Un embarquement
pour le Denemarck.   1

CHAPITRE II.

Elseneur. — Mathilde , reine de
Danemarck, — L'Église , Co-
penhague. — Chaire de Ticho-
Brahé. — Le comte Brandt, etc.   18

CHAPITRE III.

Despotisme de Christian. — Fuite

de Gustave Vasa. — Éric. Son emprisonnement. — Charles XII. Sa mort. ... 39

CHAPITRE IV.

Départ de Stockolm. — Mines de Danmora. — Cataracte de la Dahl. — Upsal. — Linnée. — Retour à Stockolm. — Ile d'Aland. — Cachot d'Éric. — Abo, etc. ... 57

CHAPITRE V.

Pierre le Grand. — Catherine, son épouse. — Elisabeth. — Catherine II. — Succès de sa conspiration. — Son règne etc. ... 86

CHAPITRE VI.

Monument de Pierre le Grand. — Palais. — Amusemens. — Montagnes de neige. — Éducation. — Société. 117

CHAPITRE VII.

Differentes classes des habitans
de Saint - Pétersbourg. — Les
Thermes. — Le Knout. — Le
grand globe. — Le petit bateau
de Pierre. — Moscow. etc . . . 133

CHAPITRE VIII.

Copernic. — Les chevaliers de
l'ordre Teutonique. — Marienbourg. — Dantzig. — Le faux
miracle. — Zell. — La reine
Mathilde. 187

CHAPITRE IX.

Brunswick. — La cour. — Les
Traîneaux. — Le Hanovre. —
Amsterdam.— propreté des ha-
bitans.— Histoire des Provinces

unies. — Boërhave. — Harlem.   247

CHAPITRE X.

Tempête sur mer. — Débarquement à Harwick. — L'Église.—
La visite à Colchester.—Arrivéc
à Yorck. Conclusion.   237

lement réfléchi de longues lectures. Nous offrons aujourd'hui la réimpression de ce vaste ouvrage avec ces additions. Celles-ci sont des rectifications de faits et de vifs éclaircissemens sur des époques reculées, connues seulement depuis les travaux de MM. de Sismondi, Monteil, Guizot, Barante, Thierry, Victorin Fabre (1), depuis la publication de plusieurs collec—

(1) Recherches sur les Institutions de la Société civile.